西方心理学大师
经│典│译│丛

超越
自由与尊严

BEYOND FREEDOM
AND DIGNITY

B. F. Skinner

[美] **B. F. 斯金纳** ◎ 著

方红 ◎ 译

中国人民大学出版社
·北京·

献给贾斯蒂娜（Justine）和她的世界

目 录

第一章　行为技术　　　　　　　　　　　　　　　　　/ 1
第二章　自由　　　　　　　　　　　　　　　　　　　/ 22
第三章　尊严　　　　　　　　　　　　　　　　　　　/ 38
第四章　惩罚　　　　　　　　　　　　　　　　　　　/ 53
第五章　惩罚以外的方式　　　　　　　　　　　　　　/ 74
第六章　价值　　　　　　　　　　　　　　　　　　　/ 91
第七章　一种文化的演进　　　　　　　　　　　　　　/ 115
第八章　一种文化的设计　　　　　　　　　　　　　　/ 132
第九章　人是什么　　　　　　　　　　　　　　　　　/ 166

注　释　　　　　　　　　　　　　　　　　　　　　　/ 196
索　引　　　　　　　　　　　　　　　　　　　　　　/ 208
致　谢　　　　　　　　　　　　　　　　　　　　　　/ 223

第一章
行为技术

在试图解决当今世界所面临的种种可怕问题时，我们自然而然地会求助于我们最擅长的事物。我们会发挥优势，而我们的优势就是科学和技术。为了控制人口爆炸，我们寻找更好的计划生育手段。面对核毁灭的威胁，我们建立了更庞大的威慑力量和反弹道导弹系统。为了延缓世界性的饥荒，我们寻求新的食物和更好的种植方式。我们希望，经过改良的卫生和医疗设备将能控制疾病，更好的住房条件和交通状况将能解决贫民窟问题，减少或处理废物的新举措则能制止环境污染。我们能够列举出所有这些领域中所取得的卓越成就，而且，不足为奇的是，我们应该尽力扩展这些成就。但是，一切却还是变得越来越糟糕，人们痛心疾首地发现，技术本身就越来越成问题。卫生和医疗条件的改善使得人口问题愈加尖锐，核武器的发明给战争增添了一种新的恐怖，而对享乐的肆意追求乃是造成环境污染的主要原因。正如达林顿[1]所说的："每一种新资源的开发和利用都能增强当代人在地球上的力量，但却常常会损害子孙后代的美好前景。人类所取得的一切进步都是以破坏其周围环境为代价实现的，而对于这种破坏，人类既不能补救，也无法预见。"

无论是否有可能预见这种破坏，人类都必须对其加以补救，否则，一切都将付诸东流。而且，人类只有在认清这一困境的实质后，才有可能做到这一点。仅凭物理、生物这些科学的运用是解决不了问题的，因为要想解决我们的这些问题，得靠另外一个领域。更好的避孕措施能够控制人口的增长，但得要人们采用这些措施才行。新式武器可以摧毁新式防御，反过来，新式防御也可以抵御新式武器，但没有任何力量可以抵御核毁灭，除非改变导致国与国之间开战的那些状况。新的农业手段和医疗方式如果不加以实施，将毫无裨益；而住房不仅是一个关系到房屋建筑和城市建设的问题，同时也是一个关涉人们的生活方式的问题。只有让人们不要拥挤，才能改变过于拥挤的状况，而要想阻止环境进一步恶化，则只能让人们停止一切污染环境的行为。

　　简而言之，我们需要让人类的行为产生巨大的改变，而要想让这些改变发生，单靠物理学或生物学的帮助是不可能实现的，无论我们怎么努力都不可能实现。（而且，我们还面临其他一些问题，如教育体制的不健全、年轻一代的不满和反抗等，这些问题显然与物理技术和生物技术毫不相干，因此，人们从未用它们来解决这些问题。）光嘴上说什么"在使用技术时要对人类问题有更深刻的理解""让技术服务于人的精神需要""要鼓励技术人员正视人的问题"等，是远远不够的。这些话意味着人类行为与技术之间存在不可逾越的鸿沟，人类行为一出现，技术就停止了，而我们必须像过去一样行事，继续依赖于个人的经验，依赖于由个人经验集合而成的所谓历史，或者依赖于民间智慧和实践经验法则中所积淀下来的经验，来效法学习。多少个世纪以来，这些经验都唾手可得，而这些经验给我们带来的，只有当今世界的如此局面。

　　我们需要的是一门行为技术。如果我们能像调整宇宙飞船的飞行轨道一样精确地调整世界人口的增长速度，如果我们能像在加速高能粒子时那样满怀信心地改进农业和工业,如果我们能像物理学接近绝对零点那样稳步地创造出一个和平的世界(尽管这些目标可能永远都实现不了),那我们便能快速地解决所面临的问题。不过,我们现在依然缺乏一种在影响力和精确度上可以与物理技术和生物技术相媲美的行为技术,对那些相信存在这样一种可能性的人来说,这种局面并不能让他们感到安心,而更可能让他们感到惊恐。也就是说,相比于物理学和生物学对其各自领域的了解程度,我们对"人类问题的了解"是多么贫乏,而面对当今世界正势不可当地走向灾难这一局面,我们又是多么无能为力。

可以说,在 2 500 年前,人类对其自身的了解与其对周围一切的了解程度是一样的。而在今天,人类最不了解的却是他们自身。物理学和生物学已经取得了相当大的进展,但一门关于人类行为的科学至今都没有获得任何可以与之相提并论的发展。古希腊的物理学和生物学现在只剩下了历史的价值(没有哪个现代物理学家或生物学家会求助于亚里士多德),但柏拉图的《对话录》迄今依然是学生的必读之书,其中的段落依然会被人们引用,就好像它们能清楚地阐释人类的行为一样。亚里士多德可能看不懂现代物理学或生物学书上的内容,但苏格拉底和他的朋友们却能毫不费力地理解当今关于人类问题的大多数讨论。就技术而言,我们在控制物理世界和生物世界方面已经取得了巨大的进步,但我们在政府、教育以及经济领域的许多方面的实践却没有多大进展,尽管这些实践所要适应的环境与过去相比已迥然不同。

对于这种状况,我们不能解释说是因为古希腊人知道有关人类行为的一切。当然,他们对人类行为的了解肯定超过了他们对物理世界的了解，但这种了解的程度依然不是很深。此外，他们思考人类行为的方式必定存在某种致命的缺陷。因为不管古希腊的物理学和生物学有多么原始，它们最终还是开启了现代科学，而有关人类行为的古希腊理论却毫无结果。如果这些理论到了今天还为我们所用，这并不是因为它们含有某种永恒的真谛，而是因为它们不具备能结出更好果实的种子。

　　有人一直认为，人类行为是一个特别难以研究的领域。事实确实如此，而且，我们在研究人类行为方面常常束手无策，因此就更有可能这样认为了。但是，现代物理学和生物学已成功地解决了许多问题，这些问题的难度肯定不低于人类行为的许多方面。其间的区别在于，物理学和生物学所使用的仪器和方法相当复杂。人类行为领域缺乏同样强而有力的仪器和方法，但这样一个事实并不足以解释一切；它只是导致这一状况的部分原因。难道把人送上月球真的比改善公立学校的教育状况容易吗？或者，比为每一个人创建更好的生活空间容易吗？或者，比尽可能为每一个人提供收入丰厚的工作，从而使他们过上更高标准的生活容易吗？这里的选择并不是一个哪个更重要、哪个不重要的问题，因为没有人会说登上月球比其他一切更为重要。登上月球之所以是一件让人兴奋的事情，是因为它有可能实现。科学和技术已经发展到了这样的程度，只要用力推一下，便可以登上月球。而在解决人类行为所带来的问题方面，我们却没有可以与之相比拟的令人兴奋的事件。我们还要走很长的距离才能找到问题的答案。

　　人们很容易因此而得出结论，认为人类行为中一定含有某种无法用科学加以分析的东西，因而不可能产生一种有效的技术。但是，我们远远没有穷尽所有的可能性。从某种意义上，我们可以说，科学的方法几乎从来没有被运用到对人类行为的研究中。我们使用过科学的仪器，我们曾进行过计算、测量和比较，但在当今所有关于人类行为的讨论中，却几乎都缺乏某种科学实践的本质。这与我们如何论述行为的原因有密切关联。（"原因"[2]一词在深奥复杂的科学文献中已不常见，但对此处的讨论却相当有用。）

一个人有关原因的最初经验很可能来源于他自身的行为：物体之所以移动，是因为他移动了它们。如果其他物体移动了，那是因为别人移动了它们。如果看不到那个移动物体的人，那是因为那个人是无形无相的。这样一来，希腊诸神便成了自然现象之所以发生的原因所在。这些神灵通常存在于他们所移动的物体之外，但他们也可能进入这些物体，"附体缠身"[3]。物理学和生物学很快就摒弃了这种解释，转而寻找更为有用的原因，但人类行为领域至今还没有迈出这决定性的一步。虽然有识之士已不再相信人会被恶魔附体缠身之说（尽管有人偶尔会实施驱妖除魔的仪式，而且在心理治疗师的作品中也一再出现妖魔之类的字眼），但还是有人经常把人类的行为归咎于内在的动因。例如，把青少年犯罪说成是人格障碍所导致的结果。而如果人格与陷入麻烦的身体之间没有任何区别的话，这样说便毫无意义可言了。当然，只要说人体内有几种不同的人格，它们在不同的时间以不同的方式控制着人体，这样便可以清楚地将人体与人格区分开来。精神分析学家们已经确定了三种这样的人格——自我、超我和伊底——他们提出，自我、超我和伊底之间的相互作用是人类行为的原因所在。

虽然物理学很快就不再以这种方式将事物人格化，但它确实有相当长一段时间在谈到事物时，就好像它们具有意志、冲动、情感、目的以及内在动因的其他属性一样。在巴特菲尔德[4]看来，亚里士多德认为，一个自由落体之所以不断加速，是因为它发现自己离家园越来越近，因而变得越来越愉快；后来的权威人物则认为，物体是在一种动力（有时候，这种动力也被称为"冲动"）的驱动之下才被抛掷出去的。虽然所有这些理论最终都被人们所摒弃，而且摒弃得相当彻底，但行为科学至今还在试图研究类似的内在状态。当听到有人说，一个带来好消息的人之所以走起路来格外轻快，是因为他感到很兴奋，一个人之所以举止草率，是因为他很冲动，或者一个人之所以固执地坚持某种行为方式，是因为他有强大的意志力，我们丝毫不会觉得奇怪。在物理学和生物学中，我们至今依然还会看到有研究者无心地提到目的，但它们在可靠的实践中是没有一席之地的；然而，几乎每一个人都将人类的行为归因于意图、目的、目标。如果我们还有可能问这样一个问题，即一台机器能否表明其目的，那么，这一问题所隐含的重要意义在于，如果它能，那么，它将与人更为相似。

当物理学和生物学开始将事物的行为归因于本质、特性或本性时，它们便已经远离了人格化的原因。例如，对于中世纪的炼金术士来说，一种物质的某些属性可能是其易变的本质导致的，而且，用一种我们可以称为"具有个体差异性的化学"的东西，便可以比较物质之间的不同。牛顿曾这样抱怨他的同时代人的这样一种做法："跟我们说每一类事物生来都具有一种神秘的特定属性，它凭借这种特定属性来活动并产生明显的效果，其实等于什么都没告诉我们。"（神秘的属性是牛顿极力反对的属于"不能成立之假说"的例子，尽管他自己也没有做到像他说的那样好。）在很长一段时间内，生物学也一直试图研究生物的**本性**，直到

20世纪，它才彻底放弃寻求维持生命所必需的力量。不过，行为至今依然被归因于人的本性，而且，现在还有一种广泛的"具有个体差异性的心理学"，它根据不同的性格特征、智能、能力将人们放在一起加以比较和描述。

几乎每一个关注人类事务的人——如政治学家、哲学家、文学家、经济学家、心理学家、语言学家、社会学家、神学家、人类学家、教育者或心理治疗师——都一直以这种前科学的方式来谈论人类的行为。每天的报纸、每一期专业或非专业杂志、每一本与人类行为沾边的著作，都是说明这种现象的例子。我们被告知，要想控制世界人口的数量，我们需要改变对孩子的**态度**，克服因家庭规模大或性能力强而产生的**自豪感**，树立对子孙后代的**责任感**，并降低大家庭在缓解老年问题**方面**所发挥的作用。要想实现世界和平，我们必须处理领导人的**权力意志**或**偏执妄想**，我们必须记住，战争发端于人们的**内心**（minds），人的内心存在某种自杀的倾向——很可能是一种**死亡本能**——这种自杀倾向会导致战争，而且，人从**本性**上说是具有攻击性的。要想解决贫困问题，我们必须激发人的**自尊**，鼓励其**创新精神**，并减少其**挫折**。而要缓解年轻一代的不满情绪，我们则必须为其提供一种**目的感**，并减少其**疏离感**或**无望情绪**。当我们意识到自己没有任何有效的手段可以实现以上任何一条时，我们自己可能就会经历一场**信仰危机**或**丧失信心**。只有重新**信任人的内在能力**，这场信任危机或信心丧失的状况才有可能得以矫正。这是主流，几乎无人对此提出质疑。不过，在现代物理学或大部分生物学中，没有与此相类似的情况。这一事实或许很好地解释了为什么如此长时间以来未能形成一门关于行为的科学和技术。

通常情况下，人们认为，"行为主义"对观念、情感、人格特征、意志等的反对，关系到人们所说的这些心理要素的基础。当然，有关心理本质若干棘手问题的争论已经持续了2 500多年之久，但至今仍无结果。例如，心理是如何对身体产生影响的？到1965年，卡尔·波普尔[5]还提出了这样一个问题："我们想弄清楚的是，在物质世界的物质变化过程中，诸如**目的**、**意图**、**计划**、**决策**、**理论**、**紧张感**、**价值观**等非物质的东西发挥了怎样的作用。"当然，我们还想知道，这些非物质的东西来源于何处。

对于这个问题，古希腊人有一个非常简单的答案：来源于诸神。正如陶育礼[6]所指出的，希腊人认为，一个人行为愚笨，那是因为有一个满怀敌意的神往他的胸中注入了愚蠢。而一个友善的神会给予一名勇士更多的勇气和力量，帮助他勇敢地战斗。亚里士多德认为，人的思维中存在一些神圣的东西，而芝诺则坚持认为，理智**就是**上帝。

今天的我们已不可能接受这种思想，当前最为常见的做法是诉诸先前发生的自然事件。人们通常认为，一个人的遗传素质（即物种进化的产物）解释了心理的部分工作机制，而他的个人经历则解释了其余部分。例如，人类进化过程中存在的（身体上的）竞争，使得现在的人们具有（非身体上的）攻击情绪，而这种情绪又导致了（身体上的）敌对行为。或者，一个在小时候因为玩与性有关的游戏而受过（身体）惩罚的人，长大后，当进行（身体上的）性行为时往往会产生（非身体上的）焦虑情绪。非身体的阶段显然跨越了很长的时间进程：攻击行为可以追溯到人类进化史上的几百万年以前，而小时候产生的焦虑情绪往往会延续到老。

如果一切事物都是心理的，或者都是物质的，那么，哪个源于哪个的问题就可以避免，而且事实上，这两种可能性都有人曾经考虑过。一些哲学家试图停留在心理的范围之内，他们认为，只有直接经验才是真实的，而实验心理学从一开始就试图发现支配心理事件间相互作用的心理规律。当代的心理治疗"内心"（intrapsychic）理论告诉我们一种情感是怎样导致另一种情感的（例如，挫折是怎样导致攻击性的），情感之间怎样相互作用，而被心理驱逐出境的情感又是如何设法挤回心理的。奇怪的是，弗洛伊德竟也接受了这样一种补充性的观点，即心理阶段实际上是生理性的，他相信，生理学最终能将心理装置的工作机制解释清楚。许多生理心理学家也以同样的方式继续自由地谈论着心理状态、情感等，他们相信，了解它们的生理本质只不过是一个时间的问题。

　　心理世界的维度以及从一个世界向另一个世界的转变[7]，确实会引发一些难题，但人们通常会选择忽略这些难题，这也许是不错的策略，因为反对心理主义（mentalism）的重要观点与这些难题的性质完全不同。心理世界抢了风头。行为通常不被人们认可为是合理的研究对象。例如，在心理治疗中，一个人所做或所说的令人不安的事情，几乎都仅仅被看作症状，相比于内心深处的舞台上所呈现的让人眼花缭乱的剧情，行为本身看起来确实有些肤浅。语言学和文学评论将一个人所说的所有话语几乎都看作思想或情感的表达。在政治学、神学和经济学领域，行为往往被看成素材，从中可以推断出人们的态度、意图、需要等。2 500多年来，人们一直密切地关注着心理生活，但直到最近，才有研究者开始研究人类的行为，而不仅仅是把它当成一种副产品。

　　此外，将行为视作一种功能的条件也被人们忽略了。对于好奇心，人们最终得出的往往是心理的解释。在日常交谈中，我们常常会看到这一点。如果我们问某人"你为什么要去看戏剧？"，他回答说"因为我想去"，我们很容易把他的回答当成一种解释。我们更应该了解的是他以前去看戏剧时曾发生过什么，他去看戏时曾听到或看到过什么，他过去或当前的环境中有哪些东西可能会促使他去看戏（而不是去做其他事情）。但实际上，我们往往会将"我想去"这三个字看成对上述这些问题的总结，而且很可能不会再去询问更多的细节。

专业的心理学家常常也会在同一个问题上止步不前。很早以前，威廉·詹姆斯[8]就曾纠正过一种盛行的关于情感与行动之间关系的观点，例如，他声称，我们并不是因为害怕才逃跑，而是因为逃跑才感到害怕。换句话说，我们在害怕时所感觉到的是我们自己的行为——这种行为正是传统观点中用来表达情感并用情感来加以解释的行为。但是，在思考过詹姆斯观点的人当中，又有多少人注意到了他的观点实际上没有指出任何作为原因的先行事件？对于他观点中的两个"因为"，我们都不必太当回事。因为它们对于我们为什么要逃跑，**以及**为什么会感到害怕，都没有给出任何的解释。

无论我们认为自己是在解释情感，还是在解释据说由情感引起的行为，我们都几乎没有关注到先前的情境。心理治疗师对其患者早期生活的了解，几乎完全来自患者的回忆。我们都知道，患者的回忆往往并不可靠，而心理治疗师可能甚至会提出，真正重要的并不是事实上发生了什么，而是患者记住了什么。在精神分析文献中，至少有一百个地方提到过感受到的焦虑，而每一次提到焦虑都会涉及惩罚性事件。我们甚至更倾向于谈论那些显然无法企及的先前经历。例如，现在有很多研究者都对物种进化过程中所发生的事件颇感兴趣，他们试图以此来解释人类的行为，而且，我们在谈论这些先前经历时之所以极为自信，恰恰是因为我们只能通过推断获知当时发生的真实情况。

由于无法理解我们看得到的那个人是怎样做出行为的，以及为什么会做出如此行为，我们就将他的行为归因于一个我们看不到的人。对于这个看不到的人的行为，我们同样也无法解释，但我们往往不会就他提出更多的问题。我们之所以采取这种策略，在很大程度上不是因为我们缺乏兴趣或能力，而很可能是因为一个根深蒂固的信念在作祟，即认为人类的大多数行为不存在相关的先行事件。内在人（inner man）的作用在于提供一种解释，但反过来，这种解释本身却不能获得解释。于是，解释便在他这里中止了。内在人不是过去经历和当前行为之间的中介，而是产生行为的**中心**。他的作用在于启动、开启、创造，这样一来，他便一直被覆盖着一层神秘的面纱，就像他在希腊人心目中的样子一样。因此，我们说，他是自主的——从行为科学的角度说，这意味着他是不可思议的。

当然，这种观点很容易受到攻击。自主人（autonomous man）仅能解释那些我们无法用其他方式加以解释的事情。他的存在依赖于我们的无知，而随着我们对行为的了解不断增多，他自然就会失去他的地位。科学分析的任务在于，解释作为一个自然系统的人的行为是怎样与人类物种进化的条件，以及个人生存的条件相联系的。这些事件之间必定有联系，除非真的存在某种神秘莫测的或创造性的干预力量，而事实上，我们根本没有必要假设这种干预力量的存在。负责人类遗传素质的生存性相倚联系（contingencies of survival）产生的是攻击性**行为**的倾向，而不是攻击性感受。对性行为的惩罚改变的是性**行为**，而因此产生的任何感受都至多是副产品而已。我们这个时代所承受之痛苦并非来

15 源于焦虑，而是来源于意外事故、犯罪、战争，以及人们常常会遇到的其他给人们带来痛苦的危险事件。年轻人中途辍学，不愿工作，只跟同他们年纪相仿的人混在一起，这并不是因为他们感到自己被疏远了，而是家庭、学校、工厂及其他地方有缺陷的社会环境所致。

我们可以遵循物理学和生物学的研究路径，直接探讨行为与环境之间的关系，而不去管所假定的那些起中介作用的心理状态。物理学并没有因为更为仔细地观察一个自由落体的喜悦情绪而取得进步，生物学也没有因为观察生命精神的本质而获得进展，因此，我们也没有必要为了对行为进行科学分析而试图去发现自主人所具有的人格、心理状态、情感、性格特征、计划、目的、意图或其他特点到底是什么。

为什么我们花了如此长的时间才认识到这一点？这其中一定有原因。物理学和生物学所研究之对象的行为与人的行为有很大不同，从而使得谈论一个自由落体的喜悦之情或一个抛物体的冲动情绪看起来十分可笑；而人确实像人一般表现出行为，其行为需要解释的外在人（outer man）可能与内在人非常相似，而内在人的行为据说可以用来解释外在人的行为。内在人其实就是按照外在人的形象创造出来的。

还有一个更为重要的原因在于，内在人似乎可以不时地被直接观察到。我们既然必须推断一个自由落体的喜悦心情，难道我们就不能**感觉**到我们自己的喜悦情绪吗？我们确实能够感觉到自己体内的东西，但我们感觉不到那些杜撰出来用以解释行为的东西。被**恶魔**附体的人往往感觉不到那个附在其身体之内的恶魔，

16 甚至可能会否认它的存在。犯罪的少年往往感觉不到他的**人格出**

现了障碍。聪明的人感觉不到自己的**聪明才智**，内向的人也感觉不到自己的**内向**。（事实上，据说，心理或性格的这些方面只有通过复杂的统计程序才能被观察到。）演讲者往往感觉不到他在组织句子时所遵循的**语法规则**，而早在人们意识到存在这些语法规则之前的几千年前，人们讲的话就已经符合语法规则了。回答问卷的人往往感觉不到那些促使他以某种特定的方式填写问卷各项目的**态度**或**观点**。我们确实感觉到自己身体的某些状态与行为有关联，但正如弗洛伊德所指出的，即使感觉不到它们，我们也照样以同样的方式行事；它们只是副产品，我们不应将其误当成原因。

我们在摒弃心理主义解释的速度上之所以如此缓慢，还有一个重要得多的原因，那就是：难以再找到其他的解释。或许我们必须从外在环境中寻找原因，但环境的作用还完全没有明确。进化论的历史就证明了这个问题。19世纪以前，环境仅仅被人们看成一个被动的情境，各种各样的有机体在其中诞生、繁衍和死亡。但谁也没有看到，环境其实也是导致这一事实的原因，即环境中存在各种各样的有机体（而实际上，这一事实往往被归咎于有创造力的上帝，这一点意义重大）。问题在于，环境通常以不太显著的方式发挥作用：它既不推，也不拉，而是**选择**。在人类思想几千年的历史中，自然选择的过程虽然极为重要，但却未被人们注意到。当人们最终发现它时，它自然就成了进化论的核心。

甚至在更长的时间里，人们都弄不清到底环境对行为会产生哪些影响[9]。我们虽然可以看到有机体对周围世界的所作所为，看到它们从周围世界汲取自身所需，并避开来自周围世界的危险，但要看到世界对它们的作用和影响却困难得多。第一个提出环境有可能在决定行为方面起着积极作用的人是笛卡尔[10]，而且，他之所以能够提出这一点，显然是因为得到了强烈的暗示。他了解法国皇家园林中的一些由暗阀液压操控的自动装置。就像笛卡尔所描述的，进入园林的人"必定会踩在某些特意铺设的砖块或石板上，如果他们朝一个正在沐浴的狄安娜（Diana，罗马神话中的狩猎女神和月亮女神）雕像走去，她就会隐入玫瑰花丛中，而如果人们试图跟踪她，尼普顿（Neptune，罗马神话中的海神）就会出来拦住他们，用他的三叉戟威吓他们"。这些雕像之所以很有趣，是因为它们的行为举止与真人别无二致，因此，一些与人类行为非常相似的东西或许也可以用机械的原理来加以解释。笛卡尔接受了这种暗示并提出：活的有机体可能因为相似的原因而活动。（他没有将人类有机体包括在内，这很可能是为了避免引起宗教争议。）

环境的发动作用后来被称为"刺激"（stimulus）——该词源于拉丁语，原意指用于驱赶牲口的尖棒——而对有机体的影响被称为"反应"（response），刺激和反应放在一起则被认为会形成一种"反射"（reflex）。反射现象最初是在对去掉了头的小动物（如蝾螈）所进行的实验中得到证实的，重要的是，这一原理之所以在整个19世纪都遭受非议，是因为这一原理似乎否认了一个自主主体——"脊髓的灵魂"——的存在，而人们一直认为，被去除了头颅的躯体之所以能够活动，是因为"脊髓的灵魂"在其中发挥了作用。在巴甫洛夫证明可以通过条件作用来形成新的反射后，一种成熟的刺激—反应心理学便诞生了，它把所有的行为都看成对刺激的反应。有一位作家曾这样说："我们终生都在受刺激或鞭策[11]。"不过，刺激—反应模式从来都没有完全令人信服，而且，也没有解决基本的问题，因为必须要虚构出某种与内在人相类似的东西来将一个刺激转变成一个反应。信息论（information theory）也遇到了同样的问题，因为它也必须虚构出一个内在的"处理器"将输入转变成输出。

一个刺激的诱发作用相对而言比较容易被看到，因此，我们丝毫不奇怪笛卡尔的假设能在行为理论中长期占据主导的地位，但是，这是一种错误的假设，直到最近，人们才从中找回了科学的分析。环境不仅会刺激或鞭策行为，它还会选择。它的作用类似于自然选择，只是时间跨度很不一样。正是由于这个原因，它一直未能得到重视。现在，我们都已经很清楚，在考虑环境对有机体的作用时，不仅要考虑到它在有机体做出反应之前的作用，还要考虑到它在有机体做出反应之后的作用。行为往往是由行为的结果来塑造和维持的。一旦认识到这个事实，我们就能以一种更为全面的方式阐释有机体与环境之间的相互作用。

这样一来，就会产生两个重要的结果。其中一个涉及基础分析。作用于环境以产生结果的行为（"操作性"行为[12]）可以通过安排环境条件来被研究，在这些环境中，特定的结果与这一特定的行为相倚。随着所研究的这些相倚联系变得越来越复杂，它们会逐一地取代过去归因于人格、心理状态、情感、性格特征、目的、意图的解释功能。另一个结果是实践性的：环境是可操控的。诚然，人的遗传素质只能非常缓慢地发生改变，但个人环境的改变则会在很短时间内产生重大的影响。正如我们将看到的，操作性行为技术已经取得了相当大的进展，而且，人们或许还可以证明它适用于我们的诸多问题。[13]

不过，这种可能性往往会导致另一个问题，而如果我们想充分利用我们已取得的进展，就必须解决这一问题。我们通过将那个自主人抛置一边从而取得进展，但这个自主人事实上并没有如此优雅地退场。他还在展开一场后卫战，而且不幸的是，他在这场战斗中还能集结有力的支持力量。在政治学、法律、宗教、经济学、人类学、社会学、心理治疗、哲学、伦理学、历史、教育、儿童保健、语言学、建筑学、城市规划以及家庭生活等领域中，自主人都依然举足轻重。这些领域都有其各自的专家学者，每一个专家学者都有自己的理论，而且，在几乎所有的理论中，个体的自主性都是不容置疑的。随意观察或从对行为结构的研究中所获得的数据，并没有对内在人产生严重的威胁。这些领域中有很多都只研究人类群体，所获得的统计数据和真实数据对个体几乎没有约束力。结果，行为研究始终摆脱不了传统"知识"的巨大压力，这些传统"知识"必须用一种科学分析来加以纠正或取代。

自主人具有两个令人感到非常棘手的特点。在传统的观念中，人是自由的。从人的行为并非由于什么外在的原因而产生这个意义上说，他是自主的。因此，如果他触犯了规则，他就要为自己的所作所为承担责任，并接受公正的惩罚。而当科学分析表明行为与环境之间存在无法预期的控制关系时，这种观点以及相关的实践就必须被重新审视。当然，一定程度的外在控制是可以容忍的。神学家们已经接受这样一个事实，即万能的上帝早就知晓一个人注定要去做一些事情，而希腊的剧作家最喜欢将无情的命运作为自己的戏剧主题。占卜者和占星师常常声称他们能预见人们接下来将会发生什么，他们一直都很受人们的欢迎。传记作者和历史学家一直试图从个体生活和各民族的生活中寻找"各种影响"。民间智慧和诸如蒙田、培根等散文作家的洞见都表明，人类行为具有某种预见性，社会科学的统计学证据和真实数据也表明了这一点。

尽管如此，自主人还是存活了下来，因为他是一个幸运的例外。神学家们已经将宿命论与自由意志综合了起来，而希腊的观众，虽然被有关无法逃脱之命运的描绘所打动，但在走出剧院后又成了自由的人。历史的进程会因为某个领袖人物的逝去或一场海上风暴而改变，就像一个人的生活会因为某位老师或一段恋爱经历而改变一样，但这些事情并不会发生在每个人身上，即使会，对每个人所产生的影响也是不一样的。一些历史学家就利用了历史的不可预见性。真实的证据总是很容易被人们忽视。我们常常从新闻报道上看到，每到周末假日总会有成百上千的人死于交通事故，但人们还是会上路，就好像自己会是个例外一样。行为科学很少提到"可预见之人的幽灵"。相反，许多人类学家、社会学家和心理学家却常常利用自己的专业知识来证明，人是自由的、有目的的，且需要承担责任。弗洛伊德是一位决定论者——即使没有证据表明他是一位决定论者，但他至少持有决定论的信念——但很多弗洛伊德主义者会毫不犹豫地向他们的患者保证：他们可以自由地在多种行为方式中做出选择，而且归根结底，他们终将是他们自己命运的塑造者。

当研究者发现有关人类行为之可预见性的新证据后，这条逃遁路线就慢慢地被堵死了。随着科学分析的发展，尤其是在探求个体行为之原因方面所取得的进展，研究者逐渐摒弃了个体可以免受绝对决定论制约的观点。约瑟夫·伍德·克鲁奇[14]一方面坚持个人自由的观点，另一方面也承认这样一些事实的正确性："我们能在某种程度上准确地预见，当某一天气温达到某个高度时会有多少人去海边，甚至可以预见会有多少人从桥上跳下去……尽管你我都不会被迫做这类事情。"但他的意思肯定不是说，那些去海边的人没有充分的理由，也不是说一位自杀者的生活环境与他跳下大桥这一事实之间没有什么关联。只有当像"被迫"这样一类的词是指特别明显的强迫性控制方式时，其间的区别才能站得住脚。一种科学的分析自然会朝着澄清各种控制关系的方向努力。

通过质疑自主人所施加的控制，并论证环境所施加的控制，行为科学似乎还会就尊严或价值提出疑问。一个人要为他自己的行为负责，这不仅表现在他行为不端时要受到公正的谴责或惩罚，而且还表现在他取得成就时也会获得赞赏和荣誉。一种科学的分析往往会将荣誉和谴责归咎于环境，于是，传统的做法就再也站不住脚了。这些都是彻底的变革，而那些致力于传统理论与实践的人自然会抵制这些变革。

导致这个问题的还有第三个根源。当强调的重点转向环境，个体似乎就暴露在了一种新的危险面前。谁来建构这个控制性的环境？建构这个控制性环境的目的又是什么？自主人或许会控制自己，使自己的言行与一套内在的价值观保持一致；他会为了自己认为好的一切而努力。但那个假想的控制者所认为的好的东西又是什么呢？对那些被控制者来说，是否也好呢？有人提出，要回答这些问题，我们必然要做出价值判断。

自由、尊严、价值一直都是非常重要的问题，但不幸的是，当行为技术的力量与需要解决之问题的难度越来越旗鼓相当时，这些问题就变得愈加关键了。正是这种给人们带来解决问题之希望的变革，使得对所设想之解决方案持反对意见的人越来越多。这个冲突本身就是人类行为中的一个难题，可以把它当成人类行为中的一个难题来解决。虽然行为科学的发展还远远赶不上物理学和生物学，

第一章 | 行为技术

但它有一个优势,即科学分析可以对那些阻碍其自身发展的东西加以阐释。科学是人类行为,与科学相对立的也是人类行为。人类在为自由和尊严而斗争的过程中发生了什么?当科学知识开始与这场斗争发生关联时,又出现了什么问题?这些问题的答案可能有助于我们扫除在获得所亟须之技术的道路上所遇到的障碍。

在接下来的章节中,我们将从"一种科学的视角"探讨这些问题,但这并不意味着,读者需要了解一种有关行为的科学分析的各方面细节。只要有一个简单的解释就够了。不过,这样一种解释的本质很容易被人误解。我们常常会谈论一些无法以科学分析所要求的精确性来观察或测量的事物,在这样做的时候,如果我们采用那些在更为精确的条件下得出的术语和原理,那么,收效将会大得多。暮色茫茫中的大海闪烁着奇异的光芒,白霜在玻璃窗上形成了一个不同寻常的图案,放在炉子上的汤不会变浓,专家会告诉我们为什么会出现这些现象。我们当然也能向他们提出质疑:他们没有"事实依据",他们所说的观点无法得到"证实"。不过,与那些缺乏实验背景的人相比,他们更有可能是正确的,只有他们才能告诉我们,怎样做才能进行一项更为精确的研究(如果值得开展这项研究的话)。

对行为的实验分析也具有类似的优点。当我们在受控条件下观察到了一些行为过程,我们在大千世界中就能更容易认出这些行为过程。我们能够识别出行为和环境的重要特征,忽略那些无关紧要的特征,而不管这些特征有多么吸引人。如果实验分析通过检验发现传统的解释有一些不足,那么,我们便可以摒弃这些传统的解释,并怀着浓厚的好奇心继续我们的探究。下面所引用的有关行为的事例并不能作为解释的"依据"。依据只能从基础分析中寻找。解释这些事例所采用的原则具有某种合理性，而这种合理性正是仅靠随意观察而获得的原则所缺乏的。

我们的论述常常显得有些自相矛盾。英语同其他所有语言一样，也充满了各种前科学的术语，但就随意的日常交谈而言，这些前科学的术语通常是足以应付的。当天文学家说太阳升起或星星在夜空中闪烁时，没有哪个人会对此表示怀疑；而如果我们坚持让他说，太阳之所以在地平线上升起，是因为地球的转动，或者我们之所以在夜晚的天空中看到星星，是因为大气层停止了折射太阳的光线，那就显得荒唐可笑了。我们所需要的，是他能够在需要的时候给我们一个更为精确的解释。与描写世界其他方面的词汇相比，英语中所包含的描写人类行为的词汇要多得多，而与这些词汇相对应的专业术语却鲜为人知。因此，使用随意的日常表达更有可能遭到质疑。一方面要求读者"在心里牢记这一点"，另一方面又告诉他心理只不过是一种解释性的虚构物；或者一方面要求读者"考虑到自由的理念"，另一方面又告诉他理念只不过是一种想象出来的行为的前兆；或者一方面说着"要让那些害怕行为科学的人放心"，另一方面他们的真正意图却又是要改变他们对这样一种科学的行为。这些做法看起来有些自相矛盾。我在撰写本书时本可以不使用日常的词汇，而只以专业人士为读者对象，但考虑到这个问题对非专业人士来说非常重要，因此需要以非专业的形式进行探讨。毫无疑问，英语中所包含的许多心理主义的表达方式不能像"日出"那样被严格地解释，但可接受的解释也并非遥不可及。

───────

我们所有的重要问题几乎都涉及人类行为，而这些问题单靠物理技术和生物技术是无法解决的。我们所需要的是一门行为技术，但我们在发展一门可以产生这样一种技术的科学方面却进展缓慢。造成这种困境的原因之一是，几乎所有可以被称为行为科学的研究都依然试图从心理状态、情感、性格特征、人性等方面去寻找行为的根源。物理学和生物学也曾有过类似的经历，而且，只有当摒弃了这些东西之后，它们才有了发展。行为科学的改变进程之所以如此缓慢，部分原因在于需要解释的对象常常可以直接被观察到，还有部分原因在于很难找到对行为的其他解释。环境显然非常重要，但它所起的作用至今依然模糊不清。它不推，也不拉，而是**选择**，但这种选择的功能却难以被发现和分析。有关自然选择在物种进化过程中所发挥的作用，100多年前就已有了系统的阐释，而有关环境在塑造和维持个体行为的过程中所发挥的选择性作用，才刚刚开始被人们认识到，研究也才刚刚起步。不过，随着人们逐渐地理解了有机体与环境之间的相互作用，过去曾归因于心理状态、情感、性格特征等的作用，现在也开始被人们追溯到了一些可以进行科学分析的条件上，因此，建立一门行为技术便成了可以实现的事情。不过，它并不能解决我们的问题，除非它能够取代传统的前科学观点，而这些传统的观点往往是根深蒂固的。自由和尊严就是说明这种困难的很好的例子。自由和尊严是传统理论中自主人的专属所有物，而且，在个体要为其行为负责，为其所取得的成就而获得奖赏的实践中，它们也是不可或缺的。科学的分析往往会将责任和成就归因于环境。它还会引发有关"价值"的问题。使用这一技术的人是谁？目的又何在？在解决这些问题之前，人们将继续抵制行为技术，而这很可能是解决我们问题的唯一途径。

第二章
自由

26   几乎所有生物的行为都是为了让自己摆脱有害的接触。它们往往通过一种被称为反射（reflex）的相对简单的行为来获得自由。一个人打喷嚏，从而让他的呼吸道摆脱刺激性的物质。他呕吐，从而让他的胃摆脱不能消化的或有毒的食物。他把自己的手抽回来，从而使其免遭尖锐物体或滚烫物体的伤害。其他更为复杂的行为也会产生同样的影响。当受到禁锢时，人们会（"愤怒地"）反抗挣扎，从而挣脱束缚。当面临危险时，他们会逃跑，或者向危险源发起进攻。这种行为之所以能通过进化过程发展而来，很可能是因为其有利于生存的价值。它就像呼吸、出汗、消化这类生理活动一样，也是人类遗传素质的一部分。而且，通过条件作用，人们还会对进化过程中从未发挥过任何作用的新异事物做出相似的行为。毫无疑问，这些是进行反抗以获得自由的小小例子，但意义却很重大。我们并不把它们归因于对自由的爱，而仅仅把它们视为在减少对个体之威胁的过程中被证明有益的行为，因而，也是在物种进化的过程中被证明有益的行为。

27   行为还有一个更为重要的作用，它能以另一种方式削弱有害的刺激。虽然它不是以条件反射的形式获得的，但却是一种不同的被称为操作性条件作用[1]的过程的产物。当有些行为带来某种结果时，这样的行为更有可能再次发生，具有这种作用的结果被称为强化物（reinforcer）。例如，对一个饥饿的有机体来说，食物就是一种强化物。无论有机体做了什么，只要在这个行为之后获得了食物，那么，有机体在饥饿时就更有可能重复该行为。有的刺激物被称为负强化物（negative reinforcer）。任何降低这样一种刺激的强度——或终止该刺激——的反应，在该刺激重现时都更可能出现。因此，如果一个人曾跑到树荫下躲开了烈日，那么，当再次遇到烈日当空时，他就更有可能跑到树荫下。树荫下温度的降低强化了与之"相倚"的行为——随之出现的行为。当一个人只是想躲避烈日——或者，粗略地说，当他只是想躲避烈日的**威胁**时，操作性条件作用也会发生。

负强化物通常是有机体想要"摆脱"（turn away from）的东西，从这个意义上，负强化物又被说成是让人厌恶的（aversive）。"摆脱"这个词表明了一种空间上的分离——离开或逃避某种事物——但本质的关系是时间性的。在实验室里用来研究该过程的标准装置中，任意一个反应往往都会直接削弱某个厌恶性刺激，或者终止这个刺激。大量的物理技术都是这种为自由而做出之斗争的产物。几个世纪以来，人们以种种奇特的方式建构了这样一个世界：在其中，他们相对自由地摆脱了许多威胁性的或有害的刺激物——如极端气温、传染病源、繁重劳作，甚至是那些被称为不适的轻微厌恶性刺激等。

当厌恶性条件是由他人引起时，逃遁和躲避在为自由而做出的斗争中所发挥的作用就要重要得多。可以说，他人即使并非有意，也会成为厌恶性刺激：他们可能举止粗鲁、极其危险、身患传染病或处处惹人讨厌。因此，人们会逃离他们或避开他们。他们也可能是"有意"让人厌恶的——他们可能会为了某种结果而以让人厌恶的方式来对待他人。因此，当奴隶停止干活时，监工便用鞭子抽打他们，迫使他们继续干活；奴隶继续干活，便会避免鞭子的抽打（而这同时也强化了监工使用鞭子的行为）。父母会一直唠叨，直到孩子完成了某项任务为止；孩子完成某项任务，便可以避免父母的唠叨（而这同时也强化了父母的唠叨行为）。敲诈者往往以暴露某人的隐私威胁某人，直到被敲诈者给钱为止；被敲诈者只要给钱，便可以摆脱威胁（而这同时也强化了敲诈者的敲诈行为）。老师常常会用体罚或给予不及格分数来威胁学生，直到学生集中注意力为止；学生集中注意力，便可以逃避惩罚的威胁（而这同时也强化了老师的威胁行为）。大多数社会协调（social coordination）模式是某种蓄意的厌恶性控制（aversive control）形式——如伦理、宗教、政府、经济、教育、心理治疗、家庭生活等领域的社会协调模式。

如果有人以令人厌恶的方式对待一个人，直到这个人就范，那么，当这个人做出前者所要求的行为以逃开或避免这种令人厌恶的对待方式时，其结果就强化了前者的行为，不过，他也可以采用别的方式来逃避。例如，他可以干脆逃到对方的控制范围之外。他可以逃离奴隶制度，移居国外或背叛政府，他可以逃离军队，做一名叛教者，逃学，离家出走，或者变成流浪汉、隐士、嬉皮士，从而退出某种文化。这种行为是厌恶性条件的产物，就像设计这些条件时希望引发的那种行为一样。要想获得后一种行为，只能通过加强相倚联系，或者通过使用更强的厌恶性刺激的方式。

另一种变相的逃避方式是攻击那些设置厌恶性条件的人，并削弱或摧毁他们的力量。我们可以像对付花园里的杂草一样攻击那些逼迫或惹恼我们的人，但是，为自由而做出的斗争再一次主要指向了那些蓄意的控制者——指向那些以令人厌恶的方式对待他人，从而使得他们只能以某些特定方式行事的人。因此，一个孩子可能会反对自己的父母，一个公民可能会推翻自己的政府，一个信徒可能会改变信仰，一个学生可能会攻击老师或肆意破坏学校财产，一个拒绝某种文化的人也可能会致力于摧毁该文化。

人类的遗传素质有可能会支持这种为自由而做出的斗争：当受到厌恶性对待后，人们往往会做出攻击性的行为，或者通过展示自己做出攻击行为从而导致的破坏迹象来获得强化。这两种倾向都应该具有进化方面的优势，这一点很容易证明。[2] 如果两个一直和平共处的有机体遭到痛苦的打击，它们会立即采用特有的方式攻击对方。攻击行为并不一定针对实际的刺激源，攻击的对象可能会被"移置"成可以移置的人或物。蓄意破坏和暴动骚乱常常是无明确指向对象或指向错误对象的攻击行为。一个有机体在遭到痛苦的打击后，如果有可能的话，就会转而接近另一个有机体，并对其实施攻击性行为。我们虽然不清楚人类攻击行为在多大程度上为人类的先天倾向提供了例证，但我们显然已经了解到，人类会以多种方式攻击蓄意的控制者，并进而削弱或摧毁他们的力量。

我们所说的"自由文献"（literature of freedom），其出发点都是劝导人们逃避或攻击那些以厌恶性方式控制他们的人。文献的内容是关于自由的哲学，但哲学正是那些需要仔细审视的内在原因。我们说，一个人之所以以某种特定的方式行事，是因为他拥有某种哲学，但我们是从其行为表现推断出这种哲学的，因此，至少在后者得到解释之前，我们都无法把它当成一种令人满意的解释。与此同时，自由文献是一种纯客观的存在物。它包括书籍、小册子、宣告声明、演讲以及其他的言语作品等,其目的都是劝导人们行动起来,以摆脱各种蓄意的控制。自由文献不是要传授一种自由哲学,而是劝导人们要行动起来。

这种文献可能常常会通过与一个更为自由之世界中的条件相比较,从而突出人们现实生活中的厌恶性条件。这使得现实的条件更加令人厌恶,并"增加了那些试图逃避现实条件的人的痛苦"。此外,这种文献还明确指出了应该要逃避谁,应该通过攻击削弱谁的力量。自由文献中典型的反面人物通常是暴君、牧师、将军、资本家、严厉的教师和专制的家长。

这种文献还指定了行动的方式。它并不十分关注逃避这种方式,这很可能是因为并不需要提供这种建议;相反,它非常强调如何削弱或摧毁控制者的力量。暴君应该被推翻、流放或刺杀。一个政府的合法性应该受到质疑。一个宗教机构调解超自然制裁的能力应该受到挑战。应该组织罢工和抵制活动来削弱那些支持厌恶性实践的经济力量。这种文献像广告推荐一样劝导人们采取行动,描绘可能的结果,回顾成功的案例,从而强化自己的观点。

当然,想要成为控制者的人不会一直消极被动。政府会通过禁止旅游、严厉惩罚或囚禁违令者等措施,使得人们不可能逃跑。他们不让革命者得到武器,不让他们获得任何权力。他们会摧毁自由文献,囚禁或杀害那些口头传播自由思想的人。自由之战要想获得成功,就必须加强和深化这一斗争。

自由文献的重要性几乎不容置疑。没有这种文献的帮助和指导,人们会以令人极为吃惊的方式屈从于各种厌恶性条件。甚至当厌恶性条件是自然环境的一部分时,情况亦是如此。例如,达尔文观察到,火地人[3]似乎从来不做任何努力以保护自己抵御寒冷。他们只穿很少的衣服,而且很少利用衣服来对抗寒冷的天气。在力图摆脱蓄意控制以获得自由的斗争中,最引人注意的事情之一是:这种斗争常常是缺乏的。若干世纪以来,许多人一直屈从于非常明显的宗教、政府和经济方面的控制,即使有为获得自由而展开的斗争,也只是零零星星的。自由文献为根除政府、宗教、教育、家庭生活以及物质生产中许多令人厌恶的实践,做出了必不可少的贡献。

不过,人们通常不会从这些方面来描述自由文献所做出的贡献。据说,一些传统的理论把自由界定为"不存在厌恶性控制的状况",这是可以理解的,但它所强调的是人们对这种自由状况的**感受**[4]。其他传统理论则把自由界定为"一个人在没有厌恶性控制的限制下做出行为的状况",这也是可以理解的,不过它所强调的是一个人在做他想做之事时的心理状态。在约翰·斯图亚特·穆勒[5]看来,"自由是指一个人能做他想做之事"。自由文献在改变实践的过程中发挥了重要的作用(无论是在什么时候,也无论它在其中发挥了怎样的作用,它都改变了实践),但它却把自己的任务确定为改变心理状态和情感状态。自由是一种"占有"(possession)。人逃避或摧毁控制者的权力是为了感受自由,而一旦他感受到了自由,能做自己想做之事后,自由文献除了提醒他要永远保持警惕以防控制者再次实施控制之外,或许再也推荐不了任何更进一步的行动,也指定不了什么东西了。

一旦想要成为控制者的人为了避免因被控制者逃避或攻击而引发的问题,于是转而求助于非厌恶性手段,自由的感受就成了一种并不可靠的指导。非厌恶性手段不像厌恶性手段那样显而易见,而且可能需要更长的时间才能获得,但它们具有明显的优势，从而被人们广泛使用。例如，生产性劳动曾是惩罚的结果：奴隶们为了避免不劳动所带来的后果，只能劳动。工资则例证了另一种不同的原则：一个人若按某一特定的方式行事，他就会获得报酬，这样一来，他就会继续以那一特定的方式行事。尽管人们很早以前就已经认识到了奖赏所具有的有效作用，但工资制度的发展却非常缓慢。在19世纪，人们认为，工业社会需要一支饥饿的劳动力队伍。只有当饥饿的工人可以用工资来换取食物时，工资才能发挥实际的效用。如果减少工人对劳动的厌恶感——例如，缩短劳动时间，改善劳动条件——那么，即使报酬降低，也有可能让工人愿意劳动。直到最近，教育几乎可以说是完全令人厌恶的：学生学习只是为了逃避不学习所带来的后果。不过，人们已逐渐发现并开始使用一些非厌恶性的技巧。有经验的家长学会了奖赏孩子的良好行为，而不是惩罚他的不良表现。正如我们接下来很快又要提及的那样，宗教机构也摒弃了地狱之火的威胁，转而强调上帝的爱；政府也不再采用厌恶性制裁手段，转而采取各种各样的诱导手段。外行所说的奖赏其实是一种"正强化物"（positive reinforcer）[6]，在有关操作性行为的实验分析中，研究者对这种强化物的效果进行了广泛的研究。这种强化物的效果之所以不像厌恶性相倚联系的效果那样易于辨认，是因为这些强化物往往会延迟发挥作用，因而其具体运用也会被延迟。不过，现在已经有了同原有的厌恶性技术一样强而有力的技术。[7]

当正强化引出的行为推迟了厌恶性结果，自由的捍卫者也就遇到了一个难题。尤其是当这种延迟过程被用于蓄意控制（在这种控制中，控制者的所得对被控制者来说通常意味着一种丧失）时，情况可能更是如此。人们通常所说的条件性正强化物

（conditioned positive reinforcer），使用后，往往会带来延迟的厌恶性结果。货币就是条件性正强化物的一个例子。货币只有当被用来交换具有强化作用的东西后，它才具有强化作用。不过，在不可能交换时，货币也可以被用作一种强化物。假钞、空头支票、止付支票或者一个没有兑现的承诺，都是条件性强化物，尽管它们所带来的厌恶性结果通常很快就会被人发现。它们的原型模式都是赝品。而反控制很快就会随之出现：我们会避开或攻击那些以此种方式滥用条件性强化物的人。但是，我们却往往注意不到许多社会强化物的滥用。通常情况下，个人的关注、赞同和喜爱之情只有与已经成为有效强化物的东西相联系时，才具有强化的作用。不过，在缺乏这种联系的情况下，它们也可被用作强化物。家长和老师常常被迫假装用赞同和喜爱的态度来解决孩子的行为问题，但这种装出来的赞同和喜爱是虚假的。阿谀奉承、故作友好以及许多其他"赢得朋友"的方式也是如此。

真正的强化物在被使用的过程中可能会产生厌恶性结果。一个政府可能会通过让生活变得更为丰富多彩，来防止其人民的背叛——例如，为他们提供面包和马戏表演，鼓励体育运动和赌博，提倡饮酒吸毒，鼓励各种各样的性行为，由此导致的结果是：其人民被限制在了厌恶性制裁手段的范围之内。龚古尔兄弟[8]注意到了在他们那个时代法国色情文学的兴起，他们写道："色情文学服务于帝国……它像驯服狮子一样，用手淫驯服了一个民族。"

真正的正强化之所以也有可能被误用，是因为强化物的绝对数量与作用于行为的效果通常不成正比。强化通常是断断续续的，强化的程式[9]比强化的量更为重要。在有些程式中，很少的强化便可以产生大量的行为，任何想成为控制者的人自然都不会忽视这一可能性。我们可以列举两种经常使用的，对被强化者不利的强化程式。

35　　在众所周知的计件工资这种激励制度中，工人完成一定量的工作，便可以获得一定的报酬。这种制度似乎保证了工人所生产的产品与其所获得的报酬之间的平衡。这种程式对管理者来说很有吸引力，因为这样安排就可以提前计算出劳工成本；工人也很喜欢这种程式，因为这样一来他们就能控制自己的劳动所得了。不过，这种所谓的"固定比率"强化程式（"fixed-ratio" schedule of reinforcement）会使工人为了很少的收益而做出大量的行为。它会诱使工人加快工作速度，从而导致比率"被拉伸"。也就是说，工人需要为每一份报酬付出更多的劳动，而管理者无须承担工人罢工的风险。工人最终所面临的状况——沉重的工作负担，以及少得可怜的劳动所得——可能会令人极其厌恶。

　　一种与此相关的程式，即所谓的变化比率强化程式（variable-ratio schedule of reinforcement）是所有赌博系统的核心所在。任何一种赌博活动会付钱给那些送钱上门的人——只要他们下赌注，它就付钱给他们。不过，赌博活动是按照一定的程式支付给赌徒酬金的。虽然从长远看，赌徒所获得的酬金要少于他们所下的赌注，但这种程式会支持他们继续下注。一开始下注的钱与赢得的钱之间的平均比率或许对下注者有利，也就是说，他"赢钱了"。但是，这种比率会不断地被拉伸，以至于他开始输钱了也会继续赌下去。这种比率的拉伸或许是偶然的（下注者的手气会越来越差，但他一开始时的"好运"可能已经使他成了一个不折不扣的赌徒），也可能是操控下注的人故意为之的。从长远看，"效果"是消极的：赌徒通常会输个精光。

　　我们之所以很难有效地处理延迟发生的厌恶性结果，是因为它们通常不是出现在可以逃避或攻击的时候——例如，能够确定谁是控制者的时候，或者控制者在触手可及的范围之内的时候。不过，由此而产生的直接强化是积极的，这一点毋庸置疑。那些关注自由的人想要解决的问题是，如何产生直接的厌恶性结果。与此相关的一个经典问题涉及"自我控制"[10]。一个人因吃得过多而患上了疾病，但康复后，他还是会吃过多的食物。我们必须让美味的食物或这些美食所引起的行为变得令人极其厌恶，这样，个体才会不吃这些食物，从而"避开它们"。（有人可能会认为，个体只有在吃之前才能避开食物，但罗马人是在吃完之后通过强迫自己呕吐的方式来避开食物的。）当前的厌恶性刺激可能是条件性的。当吃过多的食物被说成是错误的、贪吃的或有罪的，类似的情形也会发生。其他一些需要被压制的行为也可能被说成是不合法的，并相应地予以惩罚。厌恶性结果出现的时间被延迟得越晚，问题就越严重。抽烟的人需要花大量的"工程"才会看到抽烟所导致的最终结果对行为的影响。让人痴迷的业余爱好、体育运动、风流韵事以及大笔的工资收入都可以与那些从长远看更具强化作用的活动相媲美，但是，后者产生强化作用的时间进程太长，从而使得反控制成为不可能实现的事。这就是反控制（如果发生反控制的话）只能由那些遭受了厌恶性结果而没有受到正强化的人来施行的原因所在。法律条文规定禁止赌博，工会反对计件工资制度，任何人都禁止雇用童工，禁止雇用任何人从事不道德行为，但这些措施很可能会遭到受这些措施保护的人的强烈反对。赌徒会反对反赌博法，酒鬼会反对任何形式的禁酒规定；而儿童或妓女则可能为了金钱而心甘情愿地出卖劳力或肉体。

自由文献从未论述过那些并未导致逃避或反击行为的控制技术，这是因为这些文献是根据心理状态和情感来探讨问题的。伯纳德·德·茹弗内尔[11]在他的著作《主权》中，引用了自由文献中的两个重要人物。按照莱布尼茨的观点，"自由指的是一个人能够为所欲为的权力"，伏尔泰则提出，"当我能够做我想做的事情时，我就是自由的"。不过，这两位学者都补充了一句总结性的话。莱布尼茨说："……或者，自由指的是一个人想获得他所能获得之物的权力。"伏尔泰则说得更为坦率："……但我会禁不住去想我真正想得到的东西。"茹弗内尔将这些评论用脚注的形式做了归纳，他说，想要获得某物的权力是一个关于"内在自由"（内在人的自由）的问题，不属于"有关自由之讨论"的范围。

一个人如果想要获得什么东西，那么，当机会出现，他就会采取行动以获得这样东西。如果一个人说"我想吃东西"，那么，只要找到食物，他很可能就会吃。如果他说"我想取暖"，那么，只要有机会，他很可能就会搬进一个温暖的地方。这些行为在过去都曾受到过所想要获得之物的强化。一个人在觉得自己想要获得某物时所产生的**感觉**，依具体情境而定。只有在缺乏食物的状态下，食物才具有强化作用，而一个想吃东西的人可能会感到部分这样的状态——例如，饥饿引起的胃痛。一个想取暖的人很可能是感觉到了冷。与极有可能产生反应的状况相关联的条件，也可能会被人感觉到，而且，如果某一个行为在过去某些情境中得到了强化，那么，当下情境中与过去那些情境相类似的一些方面同样也会被人感觉到。但是，想要获得某物（wanting）并不是一种感觉，也不是一个人行动起来以获得想要之物的原因。一定的相倚联系提高了行为发生的概率，同时也造就了可能会被人感觉到的一些条件。自由是一个强化性相倚联系的问题,而不是相倚联系所产生的感觉。当相倚联系并不导致逃避行为或反击行为时,这种区别尤其重要。

我们通过例子很容易就能说明,围绕非厌恶性措施的反控制是不确定的。在20世纪30年代,削减农业生产似乎很有必要。《农业调整法》授权农业部部长向同意减产的农民发放"租金或补助金"——这实际上是支付给同意减产的农民的补偿金,以补偿他们因减少粮食生产而损失的利益。**强迫**农民减少粮食生产本是违反法律规定的,但政府辩解说,他们只是在**请求**农民这样做。不过,最高法院认识到,积极的诱导有可能像厌恶性措施一样令人无法抗拒,因此,它判定:"给予或撤销无限额补助金的权力[12]等同于强制或破坏的权力。"不过,后来,当最高法院规定"那种坚持认为动机或诱惑等同于强制的观点,只会让法律陷入无休止的困境之中",这一裁定又被推翻了。[13] 下面,我们就来谈论一下其中的一些困境。

当一个政府为增加收入、减少税收而发行彩票时,同样的问题也会出现。无论是发行彩票还是征缴税收,政府从其市民手里拿走的钱数额都一样,虽然这些钱不一定是从同一批市民手里拿的。通过发行彩票,政府避免了某些不想看到的结果:人民移居他乡以逃避沉重的税收负担,或者他们发起反击,推翻征收新税的政府。发行彩票则利用了一种被拉伸的变化比率强化程式的优势,避免了上述两种结果。唯一会反对发行彩票的,是那些对赌博活动一概反对且其自身几乎从不参与赌博活动的人。

还有一个例子是邀请囚犯自愿参加那些很可能有危险的实验——例如,新药物的实验。如果参加实验,囚犯便可以获得更好的生活条件或者减刑。如果囚犯是被迫参加实验的,那么,人人都将反对。但是，当囚犯受到正强化，尤其是当政府施行这种改善生活条件或缩短刑期的做法时，他们真的是自由的吗？

这个问题常常以更为微妙的形式出现。例如，有人曾提出，无控制的节育措施和流产并不能"赋予公民无限的生育或不生育的自由"[14]，因为这二者都需要花费时间和金钱"。要想让社会上的穷人真正拥有"自由的选择"，就应该给予他们一定的补偿。如果合理的补偿正好抵消实行计划生育所需的时间和金钱，那么，人们才会真正摆脱因为时间和金钱的消耗而施加在其身上的控制。不过，他们最终是否生儿育女还要取决于其他在此处未予以特别说明的条件。如果一个国家毫不吝啬地强化节育和流产的措施，那么，它的公民又能在多大程度上享有生育或不生育的自由呢？

自由文献中经常出现的两种观点清楚地表明了人们对于积极控制（positive control）的不确定态度。有人提出，虽然行为完全是被决定的，但一个人"感觉自由"或"认为他自己是自由的"总是要好一些。如果这意味着采取不会产生厌恶性结果的控制方式会更好一些，那我们或许会赞同；但如果这意味着采取不会招致任何人反抗的控制方式更好，那么，这种说法就没有考虑到存在延迟的厌恶性结果的可能性。第二种说法似乎更为恰当一些："做一个意识清醒的奴隶（slave）比做一个快乐的奴隶好。""奴隶"这个词澄清了我们正在思考的那些最终后果的实质：它们是剥削性的，因而是令人厌恶的。奴隶所能意识到的是他所经历的悲惨遭遇，而一种精心设计以致不会招来任何反抗的奴隶制度才是真正的威胁所在。自由文献意在让人们"意识到"这种厌恶性控制，但它所选择的方法却不能拯救快乐的奴隶。

第二章 | 自由

　　自由文献中的伟大人物之一让－雅克·卢梭[15]并不畏惧正强化的力量。在他的不朽之作《爱弥儿》中，他给教师们提出了如下建议：

　　　　尽管事实上一直是你［教师］在控制孩子，但你也应该让［孩子］相信，他一直是在他自己的掌控之中。没有任何形式的征服像保持表面上的自由那样完美，因为在这种征服中，你可以俘获意志本身。可怜的婴儿，一无所知，一无所能，一无所学，难道他不是任你摆布吗？难道你不能为他安排周围世界的一切吗？难道你不能随心所欲地影响他吗？他的学业和游戏、他的痛苦和快乐，难道不都在你的掌控之中而不为他所知吗？毫无疑问，他本应该只做他想做的事情；但他却只应该想做你想让他做的事情；他不应该迈出你没有预见到的步子；在你不知道他要说什么的时候，他就不应该开口。

卢梭之所以采取这种陈述方式，是因为他对教师的美德有无限的信任。他认为，教师运用自己的绝对控制是出于学生的利益考虑。但是，正如我们在后面将要看到的，美德并不能保证权力不被滥用，而且，在为自由而战的历史进程中，很少有人像卢梭那样不关注控制。相反，他们走向了另一个极端，认为一切控制都是错误的。他们此举体现了一个被称为概括（generalization）的行为过程。许多控制的情形都是厌恶性的（要么其性质令人厌恶，要么其结果令人厌恶），因此，所有的控制都应避免。清教徒将这种一概而论的做法往前推进了一步，他们提出，正强化有时候会给人带来麻烦，因此，大多数正强化，不论其是不是有意安排的，都是错误的。

自由文献鼓励人们避开或攻击所有的控制者。它表明控制是厌恶性的，从而达到了鼓励人们避开或攻击控制者的目的。那些操纵人类行为的人被称为邪恶的人，他们必定热衷于剥削他人。控制显然是自由的对立面，如果自由是好的，那控制就肯定是坏的。这里忽略的是那种在任何时候都会产生厌恶性结果的控制。对人类利益至关重要的许多社会实践往往都涉及一个人对另一个人的控制，而且，任何关心人类成就的人都不会压制那些社会实践。在后面，我们将会看到，要坚持所有的控制都是错误的这种观点，就必须伪装或掩饰那些有益的社会实践的本质，而且必须倾向于选择那些弱控制的实践，因为这些弱控制的实践能够加以伪装或掩饰，从而使惩罚性措施永远持续下去——这真的是一个非常惊人的结果！

问题在于，人们要摆脱的不是所有控制，而是某些类型的控制。只有将所有结果都纳入考虑的范围，才有可能解决这个问题。人们在自由文献对其情感产生影响之前或之后关于控制的感受，并不会让我们有效地区分出不同类型的控制。

如果不是因为有"一切控制都是错误的"这个毫无根据的概括，我们应该可以像处理非社会问题那样简单地解决社会环境的问题。虽然科技的发展已经让人们摆脱了环境所具有的一些厌恶性特征，但它并没有让人摆脱环境。我们承认我们依赖于周围世界这一事实，而我们要改变的仅仅只是这种依赖的性质。同样，要使社会环境尽可能地摆脱厌恶性刺激，我们并不需要去破坏环境或逃离环境，我们需要重新设计它。

———

人类的自由之战并非出于一种自由意志，而是源于人类有机体所特有的某些行为过程，这些行为过程的主要效应在于回避或逃避环境中所谓的"令人厌恶的"特征。物理技术和生物技术主要涉及的是自然的厌恶性刺激，而自由之战涉及的是他人蓄意安排的刺激。自由文献已经确定出这些他人是谁，并提出了一些方法来逃离这些人，来削弱或摧毁这些人的力量。自由文献已经成功地减少了蓄意控制中所使用的厌恶性刺激，但却错误地根据心理状态或情感来界定自由，因而未能有效地处理那些不引起逃避行为或反抗行为，但却产生了厌恶性结果的控制技术。自由文献被迫将所有控制都打上错误的烙印，因而曲解了许多从社会环境中获得的益处。它的下一步行动不是要让人类摆脱控制，而是去分析和改变他们所遭受的种种控制。它还没有为这下一步的行动做好准备。

第三章
尊 严

任何表明一个人的行为可能由外界环境引起的证据,都似乎会对这个人的尊严或价值产生威胁。一个人的成就如果事实上是通过一些他无法控制的力量而取得的,那么,我们往往不会表扬他。我们可以在一定程度上容忍这样的证据,就像我们满不在乎地接受一些表明人并不自由的证据一样。当我们将艺术作品、文学作品、政治生涯、科学发现中的重要成就归因于艺术家、作家、政治家和科学家在各自的生活中所受到的"影响"时,没有谁会因此而感到非常困扰。但是,当行为分析提出的进一步证据表明,一个人之所以取得成就,几乎完全都是外界的原因,而没有他自身的原因时,这种证据及其所依据的科学便会遭到挑战。

自由是由于行为的厌恶性结果而引发的一个问题,而尊严(dignity)却与正强化有关。当我们发现某个人的行为方式具有强化作用时,我们便会表扬或赞扬他,从而使得他更有可能再一次做出同样的行为。我们向演员鼓掌叫好,就是为了让他再表演一次,就像大声呼喊"再来一次""再来一个""再来"所表达的意思一样。我们常常拍拍一个人的后背,或者对他说"好""对",或者给他一种"代表我们尊重之意的物品",如奖品、荣誉、奖章等,从而证明他的行为的价值。这样的东西有些本身就具有强化作用——拍拍后背可能是一种爱抚,而奖品则是

第三章 | 尊严

确定的强化物。不过，其他强化物则是条件性的。也就是说，它们之所以具有强化作用，仅仅是因为它们曾伴随过或替换过确定的强化物。表扬和赞同之所以通常具有强化作用，是因为无论是谁，只要表扬某个人或者赞同某个人的所作所为，往往都会强化他的其他方面。（这种强化作用可能是威胁的减少；赞同一个决议草案，往往只要简单地不再去反对它即可。）

我们往往会去强化那些强化我们的人，这可能是一种自然倾向，就像我们会攻击那些攻击我们的人一样。不过，相似的行为往往产生于许多不同的社会性相倚联系。我们之所以赞扬那些为我们的利益而工作的人，是因为他们继续那样做便会使我们得到强化。当我们**因为**某事赞扬某人，我们就确定出了一种额外的强化结果。我们表彰一个赢得比赛的人，是为了强调这样一个事实，即比赛的胜利有赖于他的行为，因此，胜利对他而言可能更具有强化作用。

一个人所获得的奖赏量与他行为原因的可见性之间存在一种奇特的关系。当行为的原因显而易见时，我们往往不给予任何奖赏。例如，我们通常不会赞扬一个人的反射性反应：我们不会因为咳嗽、打喷嚏或呕吐而赞扬一个人，即使这些行为的结果可能很有价值。同样，我们不会过多地赞扬那种受明显的厌恶性控制支配的行为，即使这种行为可能很有帮助。正如蒙田[1]所观察到的："凡强制实施的东西，通常更多地归功于发号施令者，而不是执行号令者。"卑躬屈膝的人，即使他可能作用很大，我们也不会褒奖他。

同样，我们也不会称赞那些可追溯至明显正强化作用的行为。我们和伊阿古（Iago）①一样，也蔑视那些

---

① 莎士比亚悲剧《奥赛罗》中的反面角色。——译者注

……卑躬屈膝的奴才[2]，

他们拼命地讨主人的好，甘心受主人的鞭策，

像一头驴子似的，

为了一些粮草而出卖他们的一生……

过度地为性强化（sexual reinforcement）所控制会导致"沉溺"（infatuated）于其中，吉卜林[3]的两句名言让我们永远记住了"沉溺"一词的词源："有一个傻瓜，他在祈祷……对着一块破布、一根骨头，还有一堆头发……"当有闲阶级的成员通过"经商"而屈从于金钱的强化作用时，他们通常也就失去了自己的地位。在那些受到金钱强化的人当中，他们所受到的褒奖通常会因强化作用的明显程度不同而不同：虽然周薪和月薪的总收入一样，但为获得周薪而工作就不如为获得月薪而工作那样值得称赞。社会地位的丧失可能就解释了为什么大多数职业要经过漫长的时间才会受到经济的控制。在过去很长一段时间里，教师工作都没有报酬，这很可能是因为领取报酬会降低他们的尊严；几个世纪以来，有息贷款都遭人指责，甚至被当成高利贷而遭到惩罚。我们通常不会赞美一位为混饭吃而写作的作家，也不会赞美一位显然为迎合潮流而作画的艺术家。最为重要的是，我们不会褒奖那些显然是为获得褒奖而工作的人。

当行为没有明显的原因时，我们会大方地给予称赞。不求回报的爱，不是为了得到赏识而创作的艺术、音乐和艺术作品，更值得称赞。当一个人在有非常明显的理由可以做出某种行为却没有这么做时——例如，当爱人受到不公正对待时，或者当艺术、音乐或文学作品受到抵制时——我们往往会给予他最高的赞誉。

如果我们称赞一个将责任置于爱情之上的人，那是因为爱情所施加的控制作用显而易见。我们之所以习惯于称赞那些过独身生活、将所属财产捐赠他人，或者在遭受迫害时仍忠于某项事业的人，是因为他们都有明确的理由可以做出不同的行为。赞誉的程度通常会随对立条件的严重程度而变化。我们会根据一个人所遭受之迫害的轻重来称赞他的忠贞不渝，根据他所做牺牲的大小来称赞他的慷慨大方，根据他进行性行为的频率来称赞他的禁欲决心。就像拉罗什富科[4]所观察到的："无论是谁，如果他的性格中没有为恶的力量，他的善就不值得称赞。除此之外，其他一切所谓的善都只不过是意志的懒散或软弱而已。"

当行为明确受到刺激控制时，褒奖与行为原因的可见性之间的反比关系就表现得尤其明显。我们通常会因为某个人能操作一台复杂的机器而称赞他，而称赞的程度要视具体情境而定。如果他显然只是在简单地模仿另一位操作者，也就是说，有一个人正在"教他如何操作"，那么，我们几乎不会给予他什么称赞——至多只会称赞他模仿行为、执行行为的能力。如果他是按照口头指导操作，也就是说，有一个人正在"告诉他如何操作"，那么，我们给予他的称赞会稍微多一些——至少他理解语言的能力很好，能够听得懂他人的指点。如果他是按照书面说明操作的，那么，我们会因为他知道如何阅读而给予他更多的称赞。不过，只有在没有现场指导的情况下操作机器，我们才会因为他"知道如何操作这台机器"而称赞他，尽管他可能已经通过模仿、遵从口头指导或书面说明的方式学会了操作的方法。如果他是在没有任何帮助的情况下摸索出了操作的方法，那我们就会给予他最高的奖赏，因为这表明他在任何时候都没有接受过任何形式的指导。他的行为完全是由这台机器所安排的相对不太明显的相倚联系塑造而成的,而现在,这些相倚联系已成为过去。

在言语行为中也可以找到类似的例子。当人们做出言语行为时,我们会给予其强化——我们会花钱雇人来为我们朗读、演讲或者在电影、戏剧中扮演角色。不过,我们用奖赏来强化的是他们所说的内容,而不是他们说话的动作。假设某人正在做一个重要的演说。如果他仅仅只是重复另一个人刚刚讲过的东西,那我们只会给他极少的称赞。如果他是照着书本阅读,那么,我们就会在某种程度上因为他"知道如何读"而给予他稍微多一点的称赞。如果他是在现场没有明显刺激的情况下"凭记忆演讲",那么,我们就会因为他"知道演讲内容"而称赞他。如果他的观点显然是独到的见解,即整场演讲都不是源于其他任何人的言语行为,那么,我们就会给他最高的奖赏。

相比于事事都要靠别人提醒才记得起来的孩子,我们往往更多地夸赞不需要他人提醒而且准时完成任务的孩子,这是因为提醒者是时间性相倚联系(temporal contingencies)的一个特别明显的特征。我们之所以更多地夸赞一个用"心算"而不是笔算的人,是因为将控制下一步演算的步骤写在纸上会使计算过程变得非常容易。理论物理学家之所以比实验物理学家获得更多的赞誉,是因为后者的行为明显依赖于实验室的实验和观察。相比于那些需要监督的人,我们通常更多地称赞那些在没有他人监督的情况下依然表现出良好行为的人;而相比于那些必须查询语法规则才能开口说话的人,我们也会更多地称赞那些自然流畅地运用语言的人。

当我们为了避免失去获得奖赏的机会,或者为了争取事实上并非属于我们的奖赏而将控制隐藏起来时,我们其实就已经承认了奖赏与控制条件的不明显性之间的这种奇特关系。将军在开着吉普驶过崎岖不平的山地时，依然会尽其所能地保持自己的尊严；长笛演奏者在表演时，一只苍蝇在他的脸上爬来爬去，他也仍会继续演奏。在庄重严肃的场合，我们会尽力不打喷嚏或放声大笑；在犯了一个尴尬的错误后，我们则往往会竭力表现得好像自己什么都没有做过一样。我们会毫不退缩地忍受痛苦：虽然饥肠辘辘，我们依然会吃得很优雅；虽然赢得了牌局，但我们依然会以漫不经心的神态拿过赢得的钱；虽然有被烫伤的危险，但我们还是会慢慢地放下手中滚烫的盘子（约翰逊博士曾质疑过这种做法的价值。他吐出口中滚烫的土豆，对着惊呆了的同伴们大声说："傻瓜才会把它吞下去！"）。换句话说，我们会抵制任何会使我们的行为失去尊严的状况。

我们常常试图通过伪装或隐藏控制来获得奖赏。电视播音员有观众看不到的提词器，演讲者会偷偷地瞄一眼笔记本上的内容。因此，他们看起来好像都是在凭记忆演说或者即兴演讲，但事实上，他们都是在照本宣读——这种做法就不太值得称赞了。我们总是竭力为自己的行为编造一些不那么具有说服力的理由，从而获得奖赏。我们为了"保全面子"，会将自己的行为归因于一些不太明显或者不太有力的原因——例如，表现出好像没有受到威胁的样子。按照圣杰罗姆的说法，我们常常会把迫不得已去做的事情装成出于好心而为之，把被迫去做的事情做得好像没有受到逼迫一样。而且，我们会比所要求的做得更多，以掩饰所受到的胁迫："如果有人逼你走一英里，你就跟他一起走两英里[5]。"我们常常会列出一些不可抗拒的理由，试图避免因一些令人反感的举动而让自己名誉扫地，就像肖代洛·德·拉克洛在《危险关系》中所观察到的："一个女人必须找借口委身于男人。还有什么比看起来屈服于暴力更好的借口呢？"

我们通过让自己置身于通常只会引起无价值行为的条件，同时避免以无价值的方式行事，以此来夸大我们应得的褒奖。我们总是努力找出使行为获得正强化的那些条件，然后又拒绝做出那种行为；我们追求诱惑，就像在沙漠中行走的圣徒在附近安排美女和美食，借此将自己苦行生活的美德最大化。我们就像自行鞭笞者一样，在本可以住手时，却依然继续惩罚自己，或者，在本可以逃脱时，却依然屈从于殉道者的命运。

如果我们关注的是他人所获得的奖赏，那么，我们就会看不到其行为的明显原因。我们会诉诸温和的告诫而非惩罚，因为条件性强化物不如无条件强化物那般明显，而回避比逃跑更为可取。我们通常会给学生一些提示，而不是告诉他整个答案，如果提示给得足够多的话，那他就会因为据此知道了整个答案而获得奖赏。我们仅仅只是提出建议或提议，而不是发号施令。有些人无论如何都会做一些令人反感的事情，那我们也会同意他们去做，就像主持晚餐的主教宣布："非抽烟不可的人，可以抽。"为了给他人留面子，我们会接受他人为其行为所做的解释，而不管这些解释是多么地不可信。我们常常给人们理由去从事不可取的行为，以验证行为的可取性。乔叟的患者格丽泽尔达（Griselda）正是抵制了她丈夫为她提供的种种可以表现出不忠的机会和理由，从而证明了她对丈夫的忠诚。

行为的原因越明显，行为人所获得的奖赏就越少，反之，行为的原因越不明显，他所获得的奖赏就越多，这可能仅仅是一个善于管理资源（good husbandry）的问题。我们通常会明智地利用我们的资源。因为表扬一个人做了一件他本来就非做不可的事情，没有任何意义可言，我们会根据明显的证据来评估行为发生的可能性。当我们知道没有其他的方式可以获得结果，而且没有其他的理由可以解释他可以采取其他行为方式时，我们极有可能给予他褒奖。如果一个人的行为没有带来任何变化，我们便不予以褒奖。我们不会将褒奖白白浪费在反射行为上，因为这种行为很难被强化，即使可以的话，也只能通过操作性强化被加强。我们不会褒奖那些碰巧表现出的行为。如果某行为已由其他人或以其他方式获得了奖赏，那我们也不会予以奖赏，例如，如果有人在救济他人之前就敲锣打鼓大肆宣扬[6]，那我们也不会予以褒奖，因为"他们已经奖赏了自己"。（对资源的明智利用在惩罚方面通常体现得更为清楚。如果惩罚不会带来任何变化，那我们便不会浪费惩罚——例如，当行为是偶然发生的，或者是由智障者或精神病患者所引发时。）

善于管理资源或许还可以解释为什么我们不奖励那些显然只是为了得奖而努力的人。行为只有在不仅仅是为了获得奖赏时，才值得奖赏。如果那些为获得奖励而努力的人在其他任何方面都没有成就，那我们的奖励就白白浪费了。而且，这种情形还可能会影响其他行为的效果。那些为获得观众喝彩而"卖弄球技"的运动员，对于比赛中偶然发生的事故的反应灵敏度就会低一些。

当我们说奖赏和惩罚公正不公正、公平不公平时，我们感兴趣的似乎就是对奖惩手段的明智运用了。我们所关注的是一个人"应得的"奖惩，或者就像词典上所下的定义，是他"理应得到的，或者的确是他有权享有的，或者因其成就或所表现出的品质而有权要求得到的"东西。滥用奖励就超过了维持行为所必需的量。没有做成任何事情，或者所作所为事实上理应受到惩罚时，却还得到奖励，是极不公平的。惩罚太过严厉也是不公平的，尤其是当某个人的所作所为并不该罚，或者他的行为举止都很得体时，更是如此。不相称的结果有可能会带来问题。例如，好运常常会强化一个人的懒散放纵，而不好的运气则常常会惩罚一个人的勤勉。（这里讨论的强化物并不一定是由他人施加的。当一个人不公正地得到好运或厄运时，问题就会出现。）

我们说一个人应该对自己的好运气"心怀感激"（appreciate）[①]，目的是试图纠正有缺陷的相倚联系。我们的意思是说，从今以后，他应该做能够得到他业已获得之物的公正强化的行为。事实上，我们可以说，一个人只有在致力于某些事情时，他才**可能会欣赏**（appreciate）这些事情。（对"appreciate"一词的词源加以说明非常重要：欣赏一个人的行为就是赋予该行为以一定的价值。该词两种含义之间的区别类似于"敬重"［esteem］和"尊重"［respect］之间的区别。我们敬重某一行为，是从评估强化之适宜性这个意义上说的。而我们尊重则仅仅是注意到了。因此，我们尊重一个值得尊重的对手，是从我们对其力量保持警觉这个意义上说的。一个人可以通过受到注意而赢得尊重，对于那些"没有被注意到的"人，我们是不会有尊重的。毫无疑问，我们尤其会注意到那些我们敬重或欣赏的事物，但这么做并不意味着我们一定会赋予这些事物以一定的价值。）

在我们对尊严或价值的关注中，还有比善于管理资源或恰当评估强化物更为重要的东西。我们不仅会表扬、褒奖、称赞某人或为他鼓掌喝彩，我们还会"羡慕"（admire）他，"羡慕"这个词的含义接近于"惊羡"或"惊叹"。我们对于不理解的事物总是心生敬畏，因此，我们越不了解某个行为，就越可能羡慕它，这就不足为奇了。当然，我们常常会将自己所不了解的东西归因

[①] 在这里，appreciate 一词有两种含义：一是"感激"，二是"欣赏"。——译者注

第三章 | 尊严

于自主人。过去的行吟诗人在高声朗诵一首长诗时，必定会被认为是有什么东西附上了他的身（而且，他自己会召唤缪斯给他灵感），就像当今的演员在诵读背熟了的台词时，也会被认为被他所扮演的角色附上了身一样。诸神会借神谕或诵读经文的神职人员之口表达他们的观点。各种观念会神奇地出现在凭直觉思考的数学家的无意识思维过程中，因此，人们对他们的羡慕就会超过那些靠一步一步推理进行演算的数学家。那些富有创造性的艺术家、作曲家、作家从某种意义上说都是神灵。[7]

当我们羡慕某一行为时，之所以倾向于将它诉诸奇迹，是因为我们无法以任何别的方式来加强它。我们可以逼迫士兵去冒险，或者支付给他们巨额赏金让他们去冒险，无论是哪种情况，我们都不会羡慕他们。但是，在一个人并非"非要这样做不可"，而且没有明显的奖赏劝诱他去冒生命危险时，那我们对他除了羡慕，似乎也没有其他什么办法了。当我们羡慕那些并不为羡慕所影响的行为时，表达羡慕与给予奖赏之间的差别就明显表现了出来。我们可以说一项科学成就、一件艺术作品、一首乐曲或一部著作令人羡慕，但是，我们在这样的时刻，或者说以这样的方式是无法对科学家、艺术家、作曲家或作家产生任何影响的。即使我们有可能给予他们褒奖，且提供给他们其他形式的支持，也无法对其产生影响。我们常常会羡慕一个人的遗传素质——美貌、技艺或者一个种族、家族或个体所特有的高超才能——但目的并不是要改变它。（通过改变选择性繁殖，羡慕或许最终能够改变遗传素质，但所需的时间大不相同。）

我们所说的尊严之战与自由之战有许多共同的特征。移除一种正强化物是令人厌恶的，因此，当人们被剥夺奖赏、赞美或者

>> 47

受赞扬或赞美的机会时,他们也会产生相似的反应。他们会逃离那些剥夺他们的人,或者向其发起攻击,以削弱这些人的力量。有关尊严的文献指明了那些会侵犯他人价值的人,描述了他们经常采用的做法,并提出了相应的对策。像自由文献一样,有关尊严的文献也不太关注简单的逃避,这很可能是因为逃避不需要指导。相反,它致力于削弱那些剥夺他人荣誉之人的力量。有关尊严的文献中所提出的对策很少像自由文献所建议的那样强硬,这可能是因为失去荣誉一般情况下不如痛苦或死亡那样令人厌恶。事实上,这些对策常常仅表现在口头上。对于那些剥夺我们应得荣誉的人,我们的反应往往是抗议、反对或谴责他们以及他们的行径。(一个人在抗议时的感受通常被称为愤恨[resentment],被意味深长地界定为"愤愤不平的表现",但是,我们不是**因为**感到愤恨才抗议的。我们既抗议,**也**感到愤恨,因为我们被剥夺了受赞美或受奖赏的机会。)

大量有关尊严的文献都非常关注公正,关注奖赏和惩罚运用的适宜性。一旦思考某种惩罚的适宜性,自由和尊严都将受到威胁。在确定一种公平的价格或合理的工资时,经济实践活动常常就会出现在文献中。孩子们最初抗议说"那不公平",通常指的是一种奖赏或惩罚的轻重程度。我们在这里所关注的是有关尊严的文献中抗议侵犯个人价值的那部分。一个人在无端地受到冲撞、推搡或摆布,被迫用不适合的工具干活,被人诱骗干出傻事从而成为人们的笑柄,或者被迫像被关在监狱或集中营中一样做一些卑贱的事情时,他就会抗议(同时也会感到愤愤不平)。对于施加在他身上的无端控制,他会抗议、愤恨。一个人出于好意为我们效力,我们却为此付给他报酬,我们此举实际上是冒犯了他,因为我们这样的举动使他的慷慨或善意打了折扣。如果一个学生已经知道了某个问题的答案,而我们却仍要把这个答案告诉他,那么,他就会抗议,因为我们这样做破坏了他本来因为知道这个答案而应获得的奖赏。给一个虔诚的信徒提供上帝存在的证据,就是破坏他对纯粹信仰的忠贞。神秘主义者痛恨正统宗教;唯信仰论主张,遵从规则行事并不是真正的善。在警察在场的情况下,通常很难证明公民的道德。要求一个老百姓签署效忠誓词,就是破坏他本来可能会有的某种忠诚,因为他以后任何忠诚的举止都可能因此而被归因于那份誓词的作用。

艺术家通常反感(且痛恨)别人说他的作品很畅销,作家反感别人说他的作品是为混饭吃而粗制滥造出来的,立法委员反感别人说他之所以支持某项提案是为了拉选票。同样,我们也很可能反感(且痛恨)别人说我们是在模仿某个我们所崇拜的人,或者说我们只是鹦鹉学舌,照搬书本。我们反对(且痛恨)任何表明这些厌恶性结果其实并不重要的暗示(当然,尽管存在这些令人厌恶的结果,我们依然会有良好的行为表现)。因此,我们反感别人对我们说,我们打算要去攀登的那座山峰其实并不难攀,我们准备去进攻的敌人其实并不可怕,我们手头正在从事的工作其实并不困难。或者,用拉罗什富科的话说,我们之所以循规蹈矩,是因为我们没有胆量干出越轨之事。布里奇曼(P. W. Bridgman)提出,科学家之所以尤其愿意承认并纠正自己的错误,是因为在科学领域,错误很快就会被其他人发现。人们觉得,他这样说是在质疑科学家的美德。

当物理技术和生物技术领域的进展减少了人们赢得奖赏或为他人所羡慕的机会时,人们往往会认为这些进展对人的价值或尊严产生了威胁。医学科学使得人们不再需要咬紧牙关默默忍受,因而减少了因默默忍受而获得赞扬的机会。防火建筑使得勇敢的消防队员毫无用武之地，安全坚固的轮船、飞机也使得勇敢的水手、飞行员没有任何表现的机会。现代化的挤奶场已经使得赫拉克勒斯（即大力士）式的英雄人物没有用武之地。当不再需要从事令人精疲力竭且危险的工作后，那些勤勉、勇敢的人看起来就显得愚蠢了。

在这里，有关尊严的文献与自由文献是相冲突的，自由文献赞同的是减少日常生活中各种令人厌恶的特征（例如，使行为少一点艰辛、危险或痛苦），但是，对个人价值的关注有时候会超过对摆脱厌恶性刺激而获得自由的关注——例如，撇开医学问题不谈，无痛分娩就不如无痛拔牙那样容易被人接受。军事专家J. F. C. 富勒[8]曾这样写道："最高的军事奖章通常都是颁给勇敢无畏者，而不是颁给那些聪明的人。不管谁要引进任何新式的武器，只要这种武器减少了发挥个人高超技艺的机会，就会遭到反对。"一些节省劳动力的装置至今依然遭人反对，他们反对的理由是，这些装置减少了产品的价值。手工锯木工人很可能会反对建立锯木厂，甚至可能会破坏这些锯木厂，因为他们的工作受到了威胁，但同样重要的是，锯木厂降低了锯出来的木板的价值，从而也就降低了手工锯木工人的劳动价值。然而，在这一矛盾冲突中，自由通常最终会战胜尊严。虽然从事危险、艰苦且令人痛苦的工作的人常常受人称赞，但几乎所有人都愿意放弃因做这些工作而获得的称赞。

行为技术威胁到了太多具有神秘特性的东西，因此，它不像物理技术和生物技术那样容易逃脱。字母表是一项伟大的发明，它使得人们能够保存并传播有关其言语行为的记录，使得人们能够毫不费力地学会他人通过千辛万苦才学到的东西——从书本上学，而不是通过与现实世界的直接接触（这种接触很可能是令人感到痛苦的）来学习。但是，在人们体会到学习他人经验所具有的巨大优势之前，这种明显破坏个人价值的发明一直令人不满。在柏拉图的《斐德罗篇》中，埃及国王萨姆斯（Thamus）曾抗议说，那些从书本上学习的人只拥有智慧的外表，而没有智慧本身。仅仅阅读他人写的东西，不如出于不可思议的原因而说出同样的东西更值得称赞。一个阅读书本的人看起来好像无所不知，但在萨姆斯看来，他其实"一无所知"。萨姆斯声称，当用书本来加强记忆时，记忆就会荒废。阅读书本不如背诵所学内容更值得称赞。行为技术还通过其他许多方式降低了从事令人精疲力竭的、痛苦的、危险的工作的必要性，从而减少了人们受赞美的机会。计算尺、计算器、计算机是有数学头脑之人的敌人。不过，在这里，摆脱厌恶性刺激后获得的自由，同样可以补偿所损失的任何赞赏。

撇开其技术运用不谈，当一种基础的科学分析降低了人的尊严或价值时，那么，似乎就没有什么补偿性收获可言。正是在科学发展的自然进程中，随着人们对环境的作用有了更深入的了解，自主人的功能也就一个一个地被取而代之了。科学概念似乎会降低人的身份，因为自主人最终已经不剩任何可以居功的东西了。如果说令人惊叹的东西才能博得赞美，那么，通常获得我们称赞的行为也是那些我们无法解释的行为。当然，科学的目标是试图找到有关这一行为的更为充分的解释，并摧毁这种行为的神秘性。而维护尊严的人将会提出抗议，但是他们这样做会推迟人类某项成就出现的时间。从传统的意义上说，人类会因为这项成就获得最高的荣誉，并因此而受到无数的称赞。

———

我们因一个人的所作所为而给予他奖赏，意味着我们认识到了他的尊严或价值。而我们所给予的奖赏的量通常与他的行为原因的明显性成反比。如果我们不知道一个人为何会如此行事，那我们就会把他的行为归因于他自身。我们常常会掩饰自己以某些特定方式行事的理由，或者声称自己之所以如此行事，是因为一些不那么有说服力的原因，试图以此为自己赢得更多的奖赏和赞誉。我们以一些不被人察觉的方式控制他人，也是为了避免侵犯他人应得的赞誉。我们如果不能解释他人的行为，就会羡慕他们，因此，"羡慕"一词的含义是"惊叹"。我们所说的有关尊严的文献，关注的是如何维护赢得的奖赏和赞誉。它可能会反对技术领域的进展，包括行为技术领域的进展，因为这些进展会破坏人们受到羡慕的机会；另外，它也反对基础的科学分析，因为对于个体在此之前一直受到奖赏和赞誉的行为，这种分析提供了一种不同的解释。所以说，有关尊严的文献阻碍了人们取得更进一步的成就。

第四章
惩 罚

自由有时候会被界定为没有阻力或限制的状况。一个轮子，如果轴承内几乎没有任何摩擦力，就会自由转动；一匹马会挣脱拴住它的柱子；一个人爬树时会挣脱缠住他手脚的树枝。身体束缚是一种显而易见的状况，在界定自由时似乎特别有用，但在讨论一些重要的问题时，它就只是一个隐喻，而且还不是一个特别好的隐喻。人们确实会受到脚镣、手铐、紧身衣以及监狱和集中营的高墙深院的控制，但我们所说的行为控制——由强化性相倚联系所施加的限制——则完全是另外一回事。

除了身体受到束缚之外，一个人在受到惩罚的威胁时，也会极不自由，或者没有什么尊严可言，但不幸的是，大多数人经常身处这种威胁之下。惩罚[1]从其本质而言非常普遍，我们从中能学到很多东西。一个孩子笨拙地跑来跑去，摔了一跤，受伤了；他抓住一只蜜蜂，然后被螫了；他拿走了一只狗正在啃的骨头，结果被狗咬了。于是，他就学会了以后再也不做这样的事情。正是为了避免各种形式的自然惩罚，人们建立了一个更为舒适、危险更少的世界。

惩罚一词通常仅限于由他人蓄意安排的相倚性，而他们之所以要安排这些相倚性，是因为由此产生的结果对他们而言具有强化作用。（我们注意不要将惩罚性相倚联系与厌恶性控制相混淆。

厌恶性控制通常被用来引导人们以某些特定的方式行事，而惩罚性相倚联系则常被用来引导人们**不**以某些特定的方式行事。）一个人在批评他人、嘲弄他人、谴责他人或对其实施身体攻击以压制不好的行为时，常常会采取惩罚措施。政府常常被界定为拥有惩罚权力的机构，一些宗教也教导说，罪恶的行为会招致最为恐怖的永恒惩罚。

我们期望有关自由和尊严的文献会反对这类惩罚措施，并努力建立一个不常见到惩罚，或者甚至没有惩罚的世界。从某种程度上说，它们已经这样做了。但是，惩罚性制裁至今依然相当普遍。人们依然经常通过谴责或指责来控制彼此，而不是通过嘉奖或表扬。军队和警察局依然是政府最强有力的武装，教徒也仍不时地被提醒地狱之火的存在，而教师也只是用更为微妙的惩罚形式来替换昔日的教鞭。奇怪的是，那些捍卫自由和尊严的人不仅没有反对这些惩罚措施，而且，他们还在很大程度上要对这些措施至今仍然存在于我们中间这一事实负责。只有通过观察有机体如何对这些惩罚性相倚联系做出反应，我们才能理解这种奇怪的情形。

惩罚被设计出来，是为了将那些难以处理的、危险的或者不适宜的行为从人的整个行为中清除出去。惩罚的设计基于这样一种假设，即一个人在受到惩罚之后，便不太可能再以同样的方式行事。但不幸的是，事情并非如此简单。奖励与惩罚的不同不仅仅表现在它们所引发之改变的方向上。一个曾因玩性游戏而遭受严厉惩罚的孩子，并不一定不会继续表现出这样的行为；一个曾因其暴行而锒铛入狱的人，也不一定在今后不再表现出暴力行为。被惩罚的行为在惩罚性相倚联系被撤销后，很可能会再次表

第四章 | 惩罚

现出来。

惩罚的预期效果通常也可以用其他方式来加以解释。例如，惩罚有可能会导致不相容的情绪。一个曾因玩性游戏而遭受严厉惩罚的孩子，可能不再像我们所说的那样会兴致勃勃地继续表现出该行为，而且，逃避惩罚者与攻击惩罚者也是完全不相容的。通过条件作用，以后再遇到可以进行性游戏或暴力袭击的机会时，类似的不相容行为也可能会被引发。惩罚的效果是让受惩者感到羞愧、内疚还是令其产生犯罪感，取决于实施惩罚的是家长、同伴、政府还是教会。

惩罚所带来的令人厌恶的状况（以及因这种状况而产生的不同感受）通常会产生重要得多的影响。毫不夸张地说，受过惩罚的人在以后很可能会"为了逃避惩罚"而采取一些行为。他可能会为了避免受罚而采取不会受罚的行为方式，但也存在其他的可能性。其中有些逃避惩罚的方式是破坏性的、适应不良的或者神经症性的，因此一直以来都有人对它们进行仔细的研究。有人认为，弗洛伊德那些所谓的"动力机制"[2]其实是各种被压抑的愿望试图逃避审查并表现出来的方式，但我们也可以简单地将它们解释为人们逃避惩罚的方式。因此，一个人的行为方式可能不会受罚，因为这些方式是看不见摸不着的，比如通过**幻想**（fantasying）或者**梦**（dreaming）的方式表现出来。他可以**升华**（sublimate），即从事一些具有类似的强化效果但不会受罚的行为。他可以**移置**（displace）应该受到惩罚的行为，将其指向一些不可能惩罚他的对象——例如，他可能会对物体、孩童或小动物表现出攻击行为。他可以在节目中观看或者在书本上阅读有关他人受罚行为的介绍，**认同**（identifying）那些受罚的人，或者将他人的行为解释为应该受罚，从而**投射**（projecting）他自己

>> 55

的倾向。他还可以**合理化**（rationalize）自己的行为，向自己或他人提供一大堆理由，从而使得本该受罚的行为成为不该受罚的行为——例如，他声称，他之所以打孩子，是为了孩子好。

另外，还有一些逃避惩罚的方法也行之有效。人们可以避开那些有可能诱发受罚行为的场合。一个曾因醉酒而受罚的人，可以远离那些有可能使他饮酒过量的地方，从而"把诱惑抛在身后"；一个曾因学习不认真而受罚的学生，可以避开那些分散他注意力、使他不能认真学习的场合。另一种策略是改变环境，从而降低行为受罚的可能性。我们修好了破损的楼梯，降低了摔下楼梯的可能性，也就减少了自然的惩罚性相倚联系；我们与更有涵养的人交往，也就削弱了惩罚性的社交相倚联系。

此外，还有一种策略是改变受罚行为发生的可能性。一个经常因为易于动怒而受罚的人，在下一次动怒前可以先从一数到十。如果在数数的过程中，他做出攻击性行为的倾向降低到了可控的水平，那么，他就可以避免受到惩罚了。或者，他可以通过改变自己的生理状况，比如吃一片镇静剂来控制攻击冲动，从而降低做出受罚行为的可能性。有人甚至会求助于手术的方式——譬如，阉割自己，或者遵循《圣经》的禁令[3]，剁掉自己犯下罪行的那只手。惩罚性相倚联系还可以包括引导一个人去寻找或建构他在其中能够采取一些行为来取代受罚行为的环境。他会一天到晚忙着做一些不会受罚的事情，从而让自己远离麻烦，譬如坚持不懈地"做着其他一些事情"。（许多似乎不产生积极强化效果因而显得不合理的行为，可能具有取代受罚行为的作用。）个体甚至还可以采取措施来强化那些教导他不要做出受罚行为的相倚联系。例如，他可以服用某些药物，这些药物在烟或酒的影响之下便会产生令人厌恶的结果,如恶心、呕吐等,或者,他还可以让自己置身于更为有力的伦理、宗教或政府的制约之下。

为了降低受罚的可能性,个体可以自己做所有这些事情,不过,这些事情也可以由其他人替他完成。物理技术减少了人们遭受自然惩罚的次数,而社会环境的改变也降低了遭受他人惩罚的可能性。我们在此可以提一提大家都熟悉的一些策略。

通过创造一些行为不易受罚的环境,人们便可以减少受罚行为。修道院就是典型的模式。这是一个只提供简单食物、供应适量的世界。在这个世界里,谁都不会因为吃得过多而遭受自然惩罚,不会因为提出反对意见而遭受社会惩罚,也不会因为暴饮暴食这种小罪而遭受宗教惩罚。由于两性是被隔离开来生活的,不可能存在异性性行为,而且,由于没有色情材料,也就不可能出现由色情描写引起的替代性性行为。"禁酒令"就是通过不让酒类产品出现在生活环境中,从而达到控制酒精消费的目的的。有一些州至今仍在实施禁酒令,而从规定酒精不能售卖给未成年人或者在某一天的某个时段、某个月的某几天不能出售酒类产品这个意义上,几乎可以说禁酒令仍在普遍实施。制度化的酒类产品管理通常采取控制供应的方式。其他成瘾性药物也是用同样方式被加以控制的。无法用其他方法控制的攻击性行为,可以采取把攻击对象单独监禁的方式进行压制,因为在监禁室里没有可以攻击的对象。而对于偷盗行为,则可以采取把一切有可能被盗的物体都锁起来的方式进行控制。

还有一种可以采取的策略是打破那些使得受罚行为得到强化的相倚联系。如果没有人注意,脾气通常就发不起来;如果确信即使做出了攻击性行为也将一无所获,那么攻击性行为就会减少；而如果食物没什么味道，吃得过多的行为也就能够得到控制。另一种策略是安排环境，使得行为在其中可以发生，但不会受到惩罚。圣保罗建议把婚姻当成减少非法性行为的方式。出于同样的原因，色情作品也常被一些人推荐。文学和艺术使得人们能够将其他一些会引起麻烦的行为"升华"。通过有力地强化一种替代行为，受罚行为也可以得以压制。有时候，人们之所以提倡进行有组织的体育运动，是因为这种运动为年轻人提供的环境使他们非常忙碌，而无暇滋事生非。如果所有这些策略都没有效果，那么，我们还可以通过改变生理状况来减少受罚行为。例如，可以通过服用激素来改变性行为，通过手术（如额叶切除手术）来控制暴力行为，通过服用镇静剂来控制攻击性冲动，通过服用食欲抑制药物来控制暴饮暴食。

毫无疑问，这些策略彼此之间常常会存在不一致，而且可能会导致无法预见的后果。事实证明，在实施禁酒令期间要想控制酒类产品的供应量是不可能的，而将两性隔离开来则可能会导致大家都不想看到的同性恋。一种极易得到强化的行为如果受到过分压制，就可能会导致被压制者背叛施加惩罚的群体。不过，这些问题从本质上说是可以得到解决的，而且应该可以设计一个受罚行为在其中甚少发生或者从不发生的世界。一直以来，我们都在努力为那些自己无力解决惩罚问题的人（如婴儿、智障者或精神病患者）设计这样一个世界，而如果我们能为每一个人都设计出这样一个世界，那将会省下很多的时间和精力。

捍卫自由与尊严的人通常会反对以这种方式来解决有关惩罚的问题。他们认为，这样一个世界只能造就出机械的善（automatic goodness）。但 T. H. 赫胥黎[4]却认为这样一种方式没有什么不对:"如果有一种伟大的力量能保证我思考的永远是正确的东西,践行的永远是对的事情,而条件是我的行为要像钟表一样,每天早上起床前就要上紧发条,那么,我将立刻欣然接受。"但约瑟夫·伍德·克鲁奇却认为,这是一种"原始的"、令人难以置信的观点。[5]他和T. S.艾略特一样,都看不起"那些看起来如此完美,以至于人人都不必行善的制度"。

问题在于,当我们因为一个人行为不当而惩罚他时,通常会让他自己去发现如何行为才是得当的,一旦成功,他将因此而受到奖赏。但是,如果他是因为上面刚刚分析过的那些理由而表现出得体的行为,那么,受到奖赏的就应该是环境。这样一来,那种将人的行为归因于自主人的观点就成问题了。根据这种观点,人之所以行善,只是因为他本身就是善的。而在一种"完美的"制度中,任何人都不需要善。

当然,对于一个只会机械行善的人,我们有充分的理由小瞧他,因为他不是一个完整的人。生活在一个不需要努力工作的世界里,他就不会去学习如何坚持努力工作。生活在一个医学科学已经缓解了许多痛苦的世界里,他就不会去学习如何承受痛苦的刺激。生活在一个提倡机械行善的世界里,他就不会去学习接受因行为不当而带来的惩罚。要想让人们为生活在一个不能机械行善的世界里做好准备,我们需要给予他们适当的指导,但这并不意味着这个世界是一个永久的惩罚性环境,而且,我们也没有理由去阻止人们为建立一个可以机械行善的世界而努力。问题的关键,不是要引导人们行善,而是要行为得当。

这里又一次牵涉到了控制之可见性的问题。当环境中的相倚联系变得越来越难以看到时,自主人的美德就会变得越来越明显。惩罚性控制为什么会变得不明显?其原因有许多。逃避惩罚最简单的方法是避开惩罚者。性游戏只能偷偷摸摸地进行，暴力之徒只在警察不在场时做出攻击举动。但惩罚者可能会通过隐蔽的手段对付这种局面。父母常常会暗中监视自己的孩子，警察也时常身着便装。这样一来，要想避开惩罚者就不是那么容易的事情了。如果汽车驾驶员只在警察在场的情况下才遵守交通规则，那么，警察就可以用雷达来监控车速，但驾驶员紧接着也可以在汽车上安装一种电子设备，从而随时获知附近是否有测速雷达。一个国家如果将所有的公民都变成了密探，或者说，一种宗教如果大肆宣传上帝无所不在、无所不见的观念，那么，要想避开惩罚者，就尤其不可能了，而且，惩罚性相倚联系也会因此发挥最大的效用。因此，虽然看不到任何监督者，但人们仍然会行为得体。

不过，见不到监督者这一事实，很容易被人误解。人们通常认为，控制已经被人内化，简单地说就是，控制已经从环境转移到了自主人的身上。但事实上，真正发生的是控制已经变得越来越不可察觉。犹太-基督教所说的良心（conscience）和弗洛伊德的超我就代表了一种人们所说的内化了的控制。这些存在于内心的代理用平静的声音轻轻地告诉人们该做什么，尤其是不该做什么。它们所说的这些话是从社会中获得的。良心和超我是社会的代理人，神学家和精神分析学家都承认它们具有外在的根源。人类的犯罪本性（Old Adam）或伊底为个人利益（具体表现为人的遗传素质）代言，而良心或超我则为他人利益代言。

良心或超我之所以产生，通常并不仅仅是因为惩罚者采取了隐蔽的手段。它们是一些辅助措施，可以使惩罚性制裁更为有效。我们常常通过告诉一个人有关惩罚的相倚联系来帮助他避免惩罚，我们警告他不要以可能受罚的方式行事，我们规劝他要以不会受罚的方式行事。许多宗教戒律和政府法规都有这些作用。它们指明了哪些行为会受到惩罚，哪些行为不会受罚。格言、谚语以及其他形式的民间智慧也常常为我们提供有益的准则。"三思而后行"是对一些相倚联系进行分析后得出的警句："不思而行"比"只思不行"或"思后巧行"更有可能受到惩罚。"不许偷盗"也是对一些社会性相倚联系进行分析后得出的警告：人们会惩罚盗贼。

通过遵循他人从自然环境和社会环境的惩罚性相倚联系中总结出来的规则，人们通常能够避免或逃避惩罚。规则以及引出遵守规则之行为的相倚联系或许显而易见，但它们也可能是通过学习而获得的，并被保存在记忆之中，只不过这个过程到后来就变得不那么清楚了。人们常常会告诉自己该做什么、不该做什么，但却往往忽略了这样一个事实，即他这样做，都是社会一直以来通过言语的方式教导他的。当一个人对惩罚性相倚联系进行分析后得出了他自己的规则，我们就极有可能因为他遵照这些规则表现出良好的行为而对他大加赞赏，而他获得这些规则的显而易见的阶段却会完全消退，成为历史。

当惩罚性相倚联系只不过是非社会环境的组成部分时，所发生的情况就会相当清楚。我们不会让一个初学驾驶的人在具有严重惩罚性相倚联系的条件下驾驶车辆。我们不会在毫无准备的情况下让他把车开上车辆络绎不绝的高速公路，并让他为发生的一切事情承担责任。我们会教他规则。我们会先让他在一个专门的训练场地学驾驶，在这里，惩罚性相倚联系被降到了最低，甚至没有的程度。然后，我们才会把他带到一条相对安全的公路上。如果我们成功了，我们就可以在完全不求助于惩罚的情况下培养出一名既有安全意识又有驾驶技术的驾驶员，尽管在他以后的岁月里，他仍然要在具有高度惩罚性的相倚联系下开车。因此，我们可以冒昧地说，他已经获得安全驾驶所需的"知识"，或者说，他现在已经是一名"出色的驾驶员"，而不仅仅是一个车开得不错的人。当这些相倚联系属于社会性相倚联系，特别是当这些相倚联系是由宗教机构所安排时，我们就更可能推断说，存在一种"关于是非对错的内在知识"或者一种内在的善。

人们的良好行为表现通常被归因于善，而善是一个人的价值或尊严的组成部分，它与控制之可见性之间也呈一种反比的关系。我们往往认为，最崇高的善属于那些从未表现出不当行为因而也从未受过惩罚的人，属于那些无须遵守规则便能行为表现良好的人。耶稣常常就被描述成这样一个人。有些人虽然行为表现良好，但那仅仅是因为他们曾经受过惩罚。我们推断，在这样的人身上，善的成分相对而言是较少的。改邪归正的罪犯，其行为举止也许像一个天生的圣人，但他曾经受过惩罚这一事实却给他天生的善抹上了一些污点。与这些改邪归正的罪犯相类似的，是那些对其环境中的惩罚性相倚联系加以分析，并得出一些规则以避免遭受惩罚的人。对于那些遵照他人所确定之规则行事的人，我们认为其身上仅有较少的善，而如果那些规则以及维持遵守规则之行为的相倚联系都十分明显，他们身上的善就少之又少了。我们认为，在那些只有在某个惩罚代理机构（如警察局）的不断监督之下才能表现出良好行为举止的人身上，是根本没有什么善可言的。

善就像尊严或价值的其他方面一样，会随着可见控制的减弱而增强。当然，自由同样也是如此。因此，善与自由往往密切相关。约翰·斯图尔特·穆勒坚持认为，能行恶时却行善，只有这样的人才谈得上是善的人，而且，只有这样的人才是自由的人。[6]

穆勒并不赞同关闭妓院。他主张，要继续开放妓院，这样，人们才能通过自我控制来获得自由与尊严。事实上，只有当我们对人们在显然能行恶时却坚持行善的原因视而不见时，他的观点才具有说服力。禁止掷骰打牌、禁止售卖酒类产品和关闭妓院其实是一回事。而要使所有这些都变成令人厌恶的事情（例如，通过惩罚它们所引起的行为，称它们为魔鬼的诱惑，描绘酒鬼的悲惨命运，或者描述逛妓院可能会染上各种性病，等等），则是另外一回事了。这两种做法的效果可能一样：人们可能都不再赌博、酗酒或者逛妓院。但他们在一种情况下**无法**做这些事情，而在另一种情况下**不愿**做这些事情，这一事实的差别是控制技术的差别，与善或自由无关。在一种情况下，人们表现出良好行为的原因非常清楚；但在另一种情况下，这些原因则很容易被忽略或遗忘。

有时候，人们会说，儿童在获得理性之前，是没有自我控制的自由的。其间，我们要么必须将儿童安置在一个安全的环境中，要么必须让他们受到惩罚。如果惩罚可以被推迟到他们获得理性之后施行，那么，对他们的惩罚或许就可以被完全免去。但这仅仅意味着，在儿童能接触到一些相倚联系，从而获得其他的原因来做出良好行为之前，安全的环境和惩罚是人们仅有的可利用的手段。对原始人而言，他们通常无法安排恰当的相倚联系，如果有人说原始人尚未达到享有自由的阶段，那就是将可见控制和内化控制混为一谈了。如果真的有什么是原始人尚未拥有的，那么，他们尚未拥有的只是一种控制，而这种控制需要在各种相倚联系的漫长历史中形成。

有关惩罚性控制的许多问题都是由责任（responsibility）这一概念引起的，有人说，"责任"是一种将人和其他动物区别开来的特性。负责任的人通常是一个"应该受到奖励或惩罚"（deserving）的人。当他行为表现良好时，我们就给予他奖励，这样他就会继续表现出良好的行为举止。不过，在他应该受到惩罚时，我们则更可能使用"责任"这个词语。我们**要**一个人对他自己的行为负责，意思是他要能够接受公正或公平的惩罚。这又是一个善于管理资源、合理利用强化物、"以罪定刑"的问题。惩罚一旦超过必需，就会付出极大的代价，而且有可能会压制我们希望看到的行为；而太轻的惩罚，如果起不到任何效果，则是一种浪费。

对责任（和公正）的法律裁定在一定程度上与事实有关。一个人真的会以某种特定的方式行事吗？按照法律，某一行为在应该受到惩罚时就真的会受到惩罚吗？如果是，应该根据哪条法律条文来裁定？具体应该实施哪种惩罚？不过，其他的问题则似乎与内在人有关。这个行为是故意为之，还是预先策划的？是不是一怒之下做出的行为？这个人知道是与非之间的差别吗？他知道自己的行为可能会带来什么样的结果吗？所有这些有关目的、感受、知识等的问题，都可以根据一个人置身于其间的环境来加以重述。一个人"打算怎么做"，通常取决于他过去做过的事情，以及在他做过这些事情之后所发生的事情。一个人通常并不是"感到愤怒"才采取行动。他之所以采取行动**并**感到愤怒，往往是因为某个尚不明确的共同原因。在考虑到所有这些条件后，他是否还应该受到惩罚，则是一个关于可能出现之结果的问题了：如果受到了惩罚，那么，当再次出现相似的状况时，他是否会以不同的方式行事？目前有一种倾向，是用可控性来代替责任，但我们不太可能将可控性看成自主人的特性，因为可控性所暗指的显然是外部的条件。

"只有自由的人才能为自己的行为负责",这一观点有两层含义,要看我们是对自由还是对责任感兴趣。如果我们想说人是负有责任的,那么我们就不能干涉他们的自由,因为如果他们没有行动的自由,他们就不能承担起责任。而如果我们想说人是自由的,那么我们就必须通过维持惩罚性相倚联系来促使他们为其行为负责,因为如果他们在明显不具有惩罚性的相倚联系下仍以同样的方式行事,那他们显然就是不自由的。

构建一个人们在其中机械从善的环境方面所取得的任何进展,都会对责任构成威胁。例如,控制酗酒的传统做法是施以惩罚。醉酒被说成是错误的行为,醉酒者的同伴会对他进行道德制裁(因此而产生的状况会让他感到羞愧),或者将醉酒归为违法行为,会受到政府的制裁(因此而导致的状况会让他产生犯罪感),或者将醉酒说成是一种罪恶,会受到宗教机构的惩罚(因此而导致的状况会让他产生罪恶感)。这样的做法如果没有取得明显的成功,则可以求助于其他的控制措施。一些医学证据似乎与此相关。人和人的酒量、酒瘾是各不相同的。一个人一旦成了酗酒者,就可能会通过饮酒来缓解一些因为没喝酒而产生的严重症状,而从未有过这种经历的人往往想不到这些症状。因此,医学方面提出了一个有关责任的问题:惩罚酗酒者真的公平吗?从资源管理的视角看,我们能预期惩罚能够有效地对抗与之相对的正向相倚性吗?难道我们不应该把重点放在治疗酗酒者的病症上吗?(我们的文化与塞缪尔·巴特勒[Samuel Butler]笔下的乌有乡[Erewhon]不同,不会因为某人患有疾病而对他施加惩罚。)随着所负责任的减少,惩罚也应适当放宽。

另一个例子是青少年犯罪(juvenile delinquency)。按照传统的观点,年轻人有责任遵纪守法,如果违法,他将受到公正的惩罚。但是，由于有效的惩罚性相倚联系很难保持，人们不得不另寻其他的对策。有证据表明，青少年犯罪现象在某些街区和穷人家庭中更为普遍，这些证据似乎与此相关。一个人如果拥有的财产很少或者一无所有，如果他所受的教育不足以让他找到并拥有一份工作，从而可以购买他所需要的一切，如果他根本找不到工作，如果没有人教他遵纪守法，如果他经常看到别人违法却能逍遥法外，那么，他就更有可能去偷盗行窃。在这样的环境之下，违法行为会得到有力的强化，而且不可能通过法律制裁的手段加以压制。这样一来，相倚联系就没有那么密切了：违法行为只会受到警告或缓刑。责任和惩罚就这样一起慢慢消退了。

真正的问题在于控制技术的有效性。我们无法通过增强责任感来解决酗酒和青少年犯罪的问题。该为不良行为"负责"的是环境，必须要改变的也是环境，而不是个体的某种特性。我们在谈论自然环境中的惩罚性相倚联系时，已经认识到了这一点。一个人如果迎头撞上了一堵墙，他就会受到头盖骨撞疼或撞伤的惩罚，但我们不会认为他有责任不让自己撞上墙，也不会说自然要让他对此负责。自然只是在他撞墙时给了他一些惩罚而已。我们会努力让世界少一些惩罚，或者教会人们如何避免自然的惩罚（如告诉他们需要遵守哪些规则），但我们这样做，不是要摧毁责任感或者威胁其他任何的神秘特性。我们只是想让世界变得更为安全一些。

当人们认为行为在很大程度上受遗传因素影响时，责任这一概念就更为无力了。我们会赞美美丽、优雅和敏锐，但我们不会因为一个人长得丑、患有痉挛性麻痹症或色盲而指责他。不过，一些不太明显的遗传素质确实会带来问题。就像物种之间存在差异一样，人与人之间很可能也不一样：他们会做出不同程度的攻击性反应；当攻击性反应造成了损害后，他们会受到不同程度的强化；他们进行性行为的程度不一样，受性强化作用影响的程度也不一样。那么，他们在控制自己的攻击性行为和性行为方面需要承担同样的责任吗？对他们实施同样程度的惩罚是否公平？如果我们不会因为一个人有一只脚畸形而惩罚他，那我们有什么理由因为他易于动怒或对性强化作用极为敏感而惩罚他呢？许多罪犯很可能表现出了染色体的异常，正是这种可能性使得有人最近提出了上述问题。责任概念对这一问题几乎毫无裨益。这一问题的关键在于可控性。我们无法用惩罚来改变遗传的缺陷，我们只能通过长期采取遗传学措施来实现这一改变。因此，必须加以改变的不是自主人的责任，而是环境状况或遗传条件，人的行为是这些环境状况或遗传条件的机能。

当科学分析将人们的行为追溯至外部条件，从而使他们失去了获得褒奖或受人羡慕的机会时，很多人提出了反对意见。但是，当用同样的分析来使人们免受责难时，反对的人就很少了。18世纪和19世纪粗糙的环境论很快就被人为用作逃避罪责和为自己辩解的依据。乔治·艾略特曾嘲笑过这种做法。她的小说《亚当·比德》中有一位牧师大声地说过："当然，如果钞票就放在一个人伸手就能够到的地方，他为什么不能顺顺当当地把它偷到手？但是，我们不会因为他一看到面前的地上有钞票就大声叫嚷起来而认为他是一个诚实的人。"酗酒者常常第一个声称自己生了病，而犯下了罪行的青少年则往往会说自己是不良环境的牺牲品。如果他们不用为自己的所作所为承担责任，那他们就不能受到公正的惩罚。

从某种意义上说，免除罪责（exoneration）是责任的对立面。

那些从事与人类行为有关之工作的人——不论他们从事这份工作的原因是什么——通常会成为环境的一部分，而责任也通常被转嫁到环境因素上。在陈旧的观念中，犯错的往往都是成绩不好的学生，违法的都是平民，穷人之所以穷，是因为他们都很懒惰。但现在人们普遍认为，没有愚笨的学生，只有不会教的教师；没有不好的孩子，只有不好的父母；青少年犯罪都是执法机构造成的；没有懒惰的人，只有不恰当的激励制度。当然，我们必须反问一句：为什么错的总是教师、父母、政府官员和企业家？正如我们在后面将会看到的，这种观点的错误在于：它总想把责任推给某个人，而且总认为其中存在着某种因果关系。

就像雷蒙德·鲍尔[7]所指出的，就环境论和个人责任论之间的关系而言，苏俄提供了一个十分有趣的案例。十月革命刚刚结束时，苏俄政府还可以申辩说，许多俄国人之所以缺乏教养、不具生产力、行为举止不良，是他们的环境所致。新政府利用巴甫洛夫有关条件反射的研究来改变环境，照理说，一切应该都会好起来。但是，到了20世纪30年代初，政府有了改变环境的机会，但依然还是有很多人没有明显表现出更好的教养、更佳的生产力、更良好的行为举止或者比过去更为幸福。于是，官方改变了思想路线，巴甫洛夫也就被打入了冷宫。取而代之的是一种具有强烈目的性的心理学：应该由公民自己去接受教育，自己去提高生产力，自己去表现出良好的行为，自己去获得幸福。教育者要确保自己愿意承担起这一责任，而不是被迫承担这一责任。不过，第二次世界大战的胜利使政府恢复了对前一种原理的信心。毕竟，政府一直是成功的。政府的措施可能并不完全有效，但它一直朝着正确的方向努力。巴甫洛夫又一次获得了大家的青睐。

第四章 | 惩罚

我们在文献记载中很少看到为控制者免除罪责的事例，但这种类型的事例很可能一直都是持续使用惩罚手段的基础。对机械从善的抨击也许就表明了一种对自主人的关注，不过，实际的相倚联系更有说服力。有关自由和尊严的文献大多认为控制者要为厌恶性后果负责，因此，它们把控制人类行为的举动看成一种需要严惩不贷的罪行。如果控制者能够让个体自己处于控制的状态中，那么，他便可以逃避责任。老师既可以表扬学生学习努力，也可以责备他学习不努力。家长既可以表扬孩子取得的成绩，也可以批评他犯下的错误。老师和家长都可以不用承担责任。

在免除罪责方面，影响人类行为的遗传因素尤其有用。如果某些种族没有其他种族那么聪明，那么，老师就不会因为教不好他们而受到指责。如果有些人是天生的罪犯，那么，无论执法机构多么完善，他们都依然会做出违法行为。如果有人因为天性好斗而发动战争，那么，我们就无须为自己无力维持和平而感到羞愧。我们往往更可能用遗传素质来解释不良的后果，而不用它来解释所取得的积极成就，这一事实表明了人们对于免除罪责的关注。凡是可以归因于遗传素质的后果，就不能归因于或怪罪于那些目前有兴趣从事与人类行为相关之工作的人。如果说他们有什么责任的话，那也是对人类的未来负责。将人类行为归因于遗传素质——无论是整个人类的遗传素质，还是某个种族或家庭的遗传素质——的做法，可能会对生育实践产生影响，甚至会影响改变遗传素质的其他方法。从某种意义上说，当代人无论行动与否，都对未来的结果负有责任，只不过这些结果还很遥远，而且还会引起一个类型不同的问题，这个类型不同的问题我们最终会讨论到。

那些采取惩罚手段的人，似乎总是为了安全起见。除了犯错误的人，人人都赞同压制错误行为。如果有些人受罚之后还是不知悔改，那就不是惩罚者的过错了。不过，这种免除罪责的做法并不十分完备。即使是那些行为表现良好的人可能也需要很长时间才能知道自己该做什么，而且还可能永远都做不好。他们常常会花很多时间摸索一些毫不相干的事实，与魔鬼搏斗，并进行一些不必要的试误探索。此外，惩罚会带来痛苦，即使遭受痛苦的是其他人，一个人也不可能完全逃脱痛苦或者对此无动于衷。因此，惩罚者不可能完全超脱于批评之外，他可能会指出，惩罚所带来的结果足以抵消其厌恶性特征，并以此来为自己的行为"辩护"。

79　　将约瑟夫·德·梅斯特（Joseph de Maistre）的作品归入有关自由和尊严的文献似乎有些荒唐，因为他痛恨这些文献中提出的基本原则，尤其是启蒙运动作家阐述的那些原则。不过，有关自由与尊严的文献认为，只有惩罚能让个体自由地做出选择，从而表现出良好的行为。基于这一观点，它们反对以其他有效手段来取代惩罚，只是这些文献还需要为这种观点提供一种正当的理由，而德·梅斯特是这方面的高手。下面就是他为最可怕的惩罚者——行刑者和刽子手所作的辩护。

一个阴沉的信号发出来了：一位厚颜无耻的执法官走过来敲了敲他的门，他知道他该上场了。他站了起来，走到广场上，那里挤满了急切又兴奋的人群。一名囚犯（或者是杀人犯、亵渎者）被带到了他的面前。他一把抓过犯人，拉直他的四肢，将他绑在一个高高竖起的十字架上。然后，他高高举起自己的手臂。广场上突然静寂得可怕。除了重棒之下骨头断裂的声音和受刑者的号叫声，广场上万籁俱寂。然后，他给囚犯松了绑，把他拖到刑车前。囚犯断裂的四肢在轮辐上扭曲了，他的脑袋垂了下来，他的头发披散了下来。囚犯那张像炉门一样开着的嘴里，此时有鲜血流出，还断断续续地冒出几个字，似乎是在乞求一死。现在，刽子手的任务完成了。他的心脏剧烈跳动着，但那是因为喜悦。他为自己鼓掌，他在心里暗自说道："要说在刑车前的行当，谁也比不上我！"他走了下来，伸出一只沾满了鲜血的手，执法官从远处往他手里扔了几块金币。他攥着金币，穿过人群，心惊肉跳的人群为他闪出了一条通道。他坐到桌旁，大吃了一顿，然后便倒在床上呼呼大睡。第二天一早醒来后，他开始思考一些与头一天所做的行当毫不相干的事情。……绝对的庄严、绝对的权力、绝对的原则在刽子手身上得到了高度的体现。他是人类社会的恐怖人物，是维系整个人类的纽带。如果让这种神秘莫测的人物从世界上消失，那么，顷刻间，秩序便会瓦解，王座将被推翻，社会将会解体，一切将陷入混乱之中。所以说，作为权力之源的上帝同时也是惩罚之源。[8]

在所谓的文明世界里，虽然我们不再诉诸酷刑，但在国内和国际关系上，我们依然广泛采用惩罚的手段。这样做显然有充分的理由。如果不是上帝，那一定就是大自然创造了能为惩罚所控制的人。人们很快就能成为熟练的惩罚者（要不然，就成为熟练的控制者），而其他替代性的积极措施却很难被掌握。惩罚的必要性，似乎得到了历史的支持，而其他替代性措施却一直威胁着人们所珍视的自由与尊严的价值。因此，我们继续采取惩罚的手段并为其辩护。一位当代的德·梅斯特可能会用类似的话语来为战争辩护："绝对的庄严、绝对的权力、绝对的原则在士兵身上得到了高度的体现。他是人类社会的恐怖人物，是维系整个人类的纽带。如果让这种神秘莫测的人物从世界上消失，那么，顷刻间，秩序便会瓦解，政府将被推翻，社会将会解体，一切将陷入混乱之中。所以说，作为权力之源的上帝同时也是战争之源。"

不过，我们还有更好的方式可以选择，而有关自由与尊严的文献并没有指出这些方式。

———

除了身体受到限制之外，一个人在惩罚的威胁之下，也几乎没有自由或尊严可言。我们本来还期望有关自由与尊严的文献会反对使用惩罚性措施，但事实上，它们却促进了惩罚性措施的继续使用。一个人不会因为受过惩罚而不再以某种特定的方式行事，他至多能学会如何逃避惩罚而已。一些逃避惩罚的方式是适应不良的或者是神经症性的，就像所谓的"弗洛伊德式的动力机制"（Freudian dynamisms）一样。其他逃避惩罚的方式则包括回避受罚行为有可能发生的情境，以及做一些与受罚行为相对立的事情。其他人也可能采取类似的方式来减少一个人受罚的可能性，但有关自由与尊严的文献反对这样做，它们认为，这样做只会带来机械从善的结果。在惩罚性相倚联系之下，一个人似乎能够自由地表现出良好的行为，并因此而受到赞赏。非惩罚性相倚联系也能让一个人做出同样的行为，但我们不能因此说他是自由的。而且，当他表现出良好的行为时，应该受到赞赏的是那些相倚联系。几乎没有什么事情是留给自主人去做的，他当然也就不能获得什么奖赏。他通常并不进行道德斗争，因此没有机会成为道德英雄，也不能因为内在美德而受到奖赏。但是，我们的任务并不是鼓励进行道德斗争，也不是建立或展示内在美德。我们的任务是要让生活少一些惩罚，从而释放出人们原先耗费在逃避惩罚上的时间和精力，以从事更多具有强化作用的活动。从某种程度上说，有关自由与尊严的文献在消减人类环境的厌恶性特征（包括蓄意控制中所使用的厌恶性特征）这一缓慢无常的过程中，发挥了一定的作用。但是，它们构想其任务的方式使得它们至今都不能接受这样一个事实：一切控制都是由环境施加的，因此，我们接下来要做的是设计更好的环境，而不是更好的人。

第五章
惩罚以外的方式

当然,那些捍卫自由与尊严的人不会仅限于采用惩罚的手段,但他们在求助于其他手段时却表现得犹豫不决、羞羞答答的。他们对自主人的关注使得他们只会采取一些效果不佳的手段。下面,我们就来探讨其中的一些手段。

▶ 放任自流（permissiveness）

目前,有人已经严肃认真地提出用一种彻头彻尾的放任自流的做法来取代惩罚。选择这种做法就意味着不需要施加任何的控制,而个体的自主性也因此不会受到挑战。一个人之所以行为表现良好,那是因为他生性善良或天生自控能力强。自由和尊严也就有了保障。一个自由、善良的人通常并不需要政府（政府只会腐化人的品行）。在无政府状态之下,他会表现出自然的美德,并因此而受到人们的羡慕。他不需要任何正统的宗教。他天生虔诚,无须遵循教义便能表现出虔诚之举,这很可能是有某种神秘的直接经验在助佑他。他不需要有组织的经济激励。他天生勤勉,能在自然的供需条件下公平地与他人交换各自所得。他不需要教师的指导。他学习,是因为他爱学习,他天生的好奇心会告诉他应该知道些什么。如果生活变得太过复杂,如果他天生的状态因为偶然事件或者那些想成为控制者的人的干涉而受到了干扰，那么，他可能就会遇到一些个人问题。但是，他并不需要求助于心理治疗师，他会自己寻找解决问题的办法。

放任自流的做法有很多优点。它们不需要监督，也不需要实施制裁，而且还不会引起反抗。它们不会让采取这些做法的人受到限制自由和破坏尊严的指责。当出了事情时，它们会为他开脱责任。如果在一个放任自流的世界里人们对彼此表现出了不好的行为，那是因为人的本性并不完善。如果人们在没有政府机构维持秩序的情况下打架斗殴，那是因为他们生性好斗。如果一个孩子在家长没有严格管教的情况下犯下罪行，那是因为他经常跟坏人在一起，或者他有犯罪的倾向。

不过，放任自流不是一种策略，而恰恰是放弃了策略。它所具有的那些表面上的优点实际上是虚幻的。拒绝控制，并不是要把控制权交给个体自身，而是交给社会环境和非社会环境中的其他部分。

》 助产士式的控制（the controller as midwife）

苏格拉底有关助产士的比喻代表了一种既能矫正行为但看起来又不会施加控制的方法：一个人帮助另一个人"生出"行为。由于助产士在怀孕过程中没有发挥任何作用，在分娩过程中也只起了很少的作用，所以，全部的功劳最终都应该归给那个"生出"行为的人。苏格拉底[1]在教育实践中运用了这种助产术（或者叫产婆术）。他声称，一个未受过教育的奴隶男孩可以在他人的指导之下推导出勾股定理。这个小男孩一步一步地求证，而且苏格拉底声称，并没有人告诉这个小男孩应该怎么做，他是一个人独立完成的。换言之，从某种意义上说，这个孩子一直以来都"知道"这一定理。苏格拉底提出，即使是普通知识也可以用同样的方式被推导出来，因为灵魂知道什么是真理，因此只需要让他知道他的灵魂知道什么是真理就可以了。这个例子经常被人引用，就好像它与现代教育实践的关系真的很密切一样。

心理治疗理论中好像也出现了这个助产士的比喻。治疗师并不告诉患者如何才能更有效地行动，也不指导他如何解决问题。解决问题的方法已经存在于患者身上，只需要起助产士作用的治疗师帮助他把这些方法推导出来即可。就像某一作品的作者所写的那样："弗洛伊德赞同苏格拉底的三条原则：认知你自己；美德即知识；产婆术或助产术，当然助产术本身就是一个[精神]分析的过程。"[2] 宗教中类似的实践与神秘主义有关：一个人并不需要像正统宗教所要求的那样去遵循教义，良好的行为会从他内心的源头涌现出来。

智力、治疗以及道德方面的助产并不比惩罚性控制容易实施，这是因为助产的过程需要相当细致的技巧，还需要高度集中的注意力，但它也有它的优点。它似乎会给予"助产士"一种神奇的力量。就像暗示和暗指具有神秘的力量一样，助产术所取得的结果似乎也远远大于它所付出的代价。而且，个体的明显贡献并没有因此而减少。他会因为未学先知、自身具有孕育健康心理的种子、有能力与上帝直接沟通而大受褒奖。还有一个特别重要的优点在于，助产士通常不用承担责任。就像生出畸形儿或死胎不是助产士的责任一样，学生学不好，教师也不用承担责任，患者解决不了自己的问题，也不是治疗师的责任，信徒的行为举止恶劣，也与神秘宗教的领导者无关。

助产术有其优势。学生在学习新的行为方式时，教师应该给予多少帮助，这是一个微妙的问题。教师不应该急于告诉学生该做什么、该说什么，而应等学生自己做出反应。就像夸美纽斯所说，教师教得越多，学生反而学得越少。学生是通过其他方式获取知识的。一般情况下，我们都不喜欢别人告诉我们业已知晓的东西，也不喜欢别人告诉我们一些永远都不可能很好掌握或带来良好效果的东西。如果我们对一本书的内容已经滚瓜烂熟，或者如果我们对这本书的内容一窍不通，那我们是不会碰这本书的。我们愿意阅读的，通常是那些能帮助我们说出我们想说但又不能靠自己说出来的内容的书籍。我们理解作者写下的文字，尽管在他成书之前，我们无法将自己理解的东西系统地表达出来。在心理治疗中，助产术对患者也有类似的好处。此外，助产术也很有帮助，这是因为助产士所施加的控制比通常所承认的要多，而且，其中有一些还颇有价值。

不过，这些优点还远远没有人们宣称的那么多。苏格拉底提到的那个奴隶小男孩其实什么都没有学会，因为没有任何证据表明，他以后可以独自一人论证勾股定理。就像放任自流的做法一样，助产术带来的积极结果也应归功于尚不为人所知的其他类型的控制。如果患者在没有治疗师帮助的情况下自己找到了解决问题的办法，那是因为他曾在其他地方接触过有利的环境。

》指导（guidance）

另一个与弱控制实践相关的比喻是园艺。一个人"生出"的行为是不断发展的，我们可以对它进行指导或培养，就像培育一株不断生长的植物一样。行为是可以"培养"的。

这个比喻尤其适用于教育领域。年幼儿童所上的学校叫幼儿园（child-garden 或 kindergarten）。儿童在"成熟"之前，他的行为是"不断发展"的。教师可以加速这个发展的过程，或者稍稍改变发展的方向，但是——从传统的视角看——教师不能教，他只能帮助学生学。指导这个比喻在心理治疗中也很常见。弗洛伊德认为,一个人的成长必须经历好几个发展阶段,如果患者"固着"在了某一个阶段,那么,治疗师就必须帮助他打破固着状态,向下一阶段发展。政府部门也经常采用指导的方法——例如,通过免税的方式鼓励企业"发展",或者提供一种有利于改善种族关系的"气候"。

指导方法的运用不像放任自流那样简单,但它通常比助产术容易,并具有一些相似的优点。如果一个人只是简单地对自然的发展过程加以指导,那么,他就不会轻易被人指责说他试图控制这种发展。个体的成长依然是个体自身的成就,是对他的自由、价值和"潜在倾向"的验证。而且,就像园丁不需要为他种下的植物最终会长成什么样子负责一样,单纯起指导作用的人在事情出错时也不需要承担责任。

不过,只有施加控制,指导才会有效。指导意味着要开辟新的机会,或者阻止行为朝某个特定的方向发展。安排机会并不是一种非常积极的行为,但如果它增加了行为发生的可能性,它就是一种控制。仅仅为学生选择学习材料的教师,或者仅仅建议患者换个工作或换个环境的治疗师,其实都已经施加了控制,只不过可能不为人们察觉而已。

当成长或发展受到**阻碍**时,控制的作用就更为明显了。审查机构和制度(censorship)常常会阻碍人们获得朝某一特定方向发展所需的材料,它会葬送机会。德·托克维尔[3]在他那个时代的美国看到了这一点:"人的意志没有被粉碎,而是被软化、扭曲了,并且受到了指导。人们很少被迫……采取行动,但他们常常被限制做一些事情。"就像拉尔夫·巴顿·佩里[4]所说的:"谁决定人们应该知道哪些选择,谁就控制了人们的选择**来源**。当人们不能接近**任何**的思想,或者被局限在了一定的思想范围之内,不能接近其他一切有可能相关的思想时,他就被剥夺了相应的自由。"因为"被剥夺自由"就意味着"被控制了"。

如果创造出一种环境,让人们在其中快速学会有效的行为,并持续有效地表现出这一行为,那无疑将很有价值。在创造这样一种环境的过程中,我们可能会减少干扰,开辟机会,而这些正是有关指导的比喻、成长或发展的关键所在。不过,引起我们所观察到的那些变化的,是我们安排的那些相倚联系,而不是预先设定的成长模式。

依赖于事物(building dependence on things)

让-雅克·卢梭非常警惕社会控制的危险。他提出,可以采取让人们依赖于事物而不是依赖于他人的方法来回避这些危险。在《爱弥儿》一书中,他描述了一个孩子可以通过事物本身(而不是通过书本)来了解事物。他在书中描述的那些做法在今天依然很常见,这在很大程度上要归功于杜威所强调的把现实生活搬进课堂的观点。

依赖于事物而不是依赖于他人的做法,其优点之一在于可以节省他人的时间和精力。如果一个孩子必须经家长提醒才知道要去上学,那他对父母的依赖性就很强。但如果一个孩子学会根据钟表以及周围环境中一些能显示时间特性的事物来行事(并不是根据一种"时间感"行事),那么,他所依赖的就是事物了。而且,在这样的情况之下,他对父母的要求就会比较少。在学习驾驶的过程中,如果学习者必须要教练在边上告诉他什么时候踩刹车、什么时候转弯、什么时候变速等,那他就会一直依赖教练。

而当他的行为受到驾车之自然结果的控制时，他就可以不用教练一直在边上指导了。一个人应当依赖的"事物"中，还包括那些没有专为改变他的行为而采取行动的人。如果一个孩子必须有人告诉他应该说什么、做什么才知道怎样与人交往的话，那他就会依赖于那些告诉他应该怎么做的人。而一旦这个孩子学会了如何与他人相处，他就不再需要别人给他建议了。

依赖于事物还有一个重要的优点，那就是：与他人安排的相倚联系相比，与事物有关的相倚联系通常更为精确，且能塑造更为有用的行为。环境中能显示时间特性的事物比任何提醒者都更为普遍，也更为微妙。一个人的驾车行为如果是由汽车的反应塑造而成的，那么，他的驾车技术肯定比那些听从教练指导的人更为熟练。而那些通过直接接触社会相倚联系从而学会如何与他人融洽相处的人，在人际交往的过程中肯定比那些需要他人告诉他们应该说什么、做什么的人更有技巧。

所有这些都是非常重要的优点，如果可以建立一个在其中所有行为都依赖于事物的世界，那将是极富吸引力的前景。在这样一个世界里，每个人都学会了如何在他人赞同或不赞同的情况下行事，因此大家都能和睦相处。他会卓有成效、细致认真地工作，并根据事物的自然价值与他人进行交换；他会学习一些让他自然而然地产生兴趣并自然而然地产生效用的东西。相比于靠遵守警察强制实施的法律才能循规蹈矩、为了人们所说的金钱这样的人造强化物而努力工作、为了考得高分而努力学习，所有这一切都更值得提倡。

不过，事物往往不容易被控制。卢梭所描述的方法并不简单，而且并不总是有效。事物（包括那些"无意之中"做出了某些行为的人）所涉及的复杂相倚联系，在没有其他因素帮助的情况下，对个体一生的影响可以说微乎其微——这是一个非常重要的事实，其原因我们到后面再做探讨。我们还必须记住一点：事物所施加的控制可能具有破坏性。事物的世界可能是一个专断、暴虐的世界。自然的相倚联系会诱使人们去从事迷信活动，去冒越来越大的风险，去从事徒劳无功的事情直至筋疲力尽，如此等等。只有社会环境施加的反控制才能防止出现这些结果。

依赖于事物并不等于独立。一个不需要家长提醒便知道什么时候该上学的孩子，已经处在了更为微妙、更为有用的刺激物的控制之下。一个已经学会在与他人相处时应该说什么、做什么的孩子，往往受到了社会相倚联系的控制。那些在赞同、不赞同等较为轻微的相倚联系之下与他人和睦相处的人，所受到的控制与一个警察国家中的人民所受到的控制一样有效（在很多方面甚至更为有效）。正统宗教往往通过制定教规来控制教徒，但神秘主义者并不比这些教徒更为自由，因为塑造其行为的相倚联系更为个别化，更具个体特异性。那些由于自己生产之产品所具有的强化价值而努力工作的人，往往会受到产品微妙而有力的控制。那些在自然环境中学习的人所受到的控制，同教师施加的控制一样强而有力。

一个人永远都不可能真正自立。即使他能有效地处理各种事情，他也必定依赖于那些曾经教他这样做的人。是这些人为他选定了他该依赖的事物，并决定了他依赖的形式和程度。（因此，他们不能推卸对结果所应承担的责任。）

改变思想（changing minds）

让人感到吃惊的是，那些极力反对操控行为的人，往往会竭尽全力地操纵思想。显然，只有当行为由于物理环境的改变而改变时，自由和尊严才会受到威胁。而引起行为改变的心理状态发生改变，却似乎不会带来什么威胁，这很可能是因为自主人具有神奇的力量，使得他能够做出妥协或反抗。

幸运的是，那些反对操控行为的人往往可以自由随意地操纵思想，要不然的话，他们将不得不保持沉默。不过，没有哪个人可以直接改变其他人的思想。通过操控环境中的相倚联系，人们可以带来某些改变。有人说这些改变代表了一种思想的改变，但如果真的会带来任何改变的话，那改变的也是行为。这种控制并不明显，也不是非常有效，因此，有些控制看起来就好像是被那个思想改变的人掌握着。下面，我们可以探讨一些改变思想的典型方式。

有时候，我们会提示（例如，当他解答不出一个难题时）或者建议一个人采取某种行动（例如，当他不知所措时），从而诱导他做出某种行为。提示、暗示[5]、建议都是刺激物，而且它们通常都是言语性的刺激物（当然也不一定总是言语性的），具有施加部分控制的重要特性。任何人都不会对提示、暗示、建议做出任何反应，除非他已经拥有某种以某一特定方式行事的倾向。当用来解释主要行为倾向的相倚联系不好确定时，人们就会将部分行为归因于思想。外在控制不明显时，内在控制就特别具有说服力，就像有人虽然讲的是一件看起来毫不相干的事情，但实际上却是在提示、暗示或建议一样。树立榜样也是在施加某种类似的控制，它利用了人们会模仿他人言行的一般性倾向。广告宣传也是利用了这样一种方式来"控制思想"。

在**敦促**（urge）一个人采取行动或**劝说**（persuade）一个人采取行动时，我们似乎也是在对他的思想施加影响。从词源学上讲，敦促就是逼迫或驱使，它会使得一种令人厌恶的情境变得更为**急迫**。我们敦促一个人采取行动，就好像是在推着他行动起来一样。这种刺激通常比较温和，但它们如果在过去曾与更为强烈的厌恶性后果联系在一起，就会十分有效。因此，如果有人在过去曾因拖拖拉拉而受到过惩罚，那么，一旦他现在故态复萌，就可以催促他说："看看现在是什么时候了。"这样就能成功地让他快速行动起来。我们在劝一个人不要乱花钱时，经常会说："看看你的银行存款余额还有多少。"如果他曾经因为入不敷出而吃过苦头，那我们的劝阻就会奏效。不过，我们在**劝说**别人时，也会指出一些与积极结果相联系的刺激。从词源学来讲，劝说一词与甜言蜜语有关。我们在劝说某个人时，通常会使情境变得更有利于行动，例如，向他描述行动有可能会带来的强化性结果。在这里，我们所使用的刺激的强弱与其所产生之效果的大小之间显然存在着差异。只有在个体已经有了某种行动的倾向时，敦促和劝说才会产生效果，而且，只要这种倾向无法解释，我们就可以把他的行为归因于一个内在人。

信念、偏好、知觉、需要、目的、观点都是自主人的所有物。据说，它们会随我们思想的改变而改变。其实，在每一种情况之下，改变的都是行动的可能性。一个人相信，他在某块地板上行走时，地板能够承受他的重量，是因为他的信念往往依赖于他过去的经历。如果他曾多次在地板上行走且从未出过事，那他就会自然而然地再次走上去，他的行为不会带来任何让人不安的厌恶性刺激。他可能会说，他对地板的坚固程度"深信不疑"，或者"坚信"地板能承受得住他的重量。但是，他所感觉到的这些信念或信心并不是心理状态，它们最多不过是与过去事件相关之行为的副产品，而且，它们不能解释一个人为什么可以那样从地板上走过。

当我们通过强化行为来提高行为发生的概率时，我们就确立了"信念"（belief）。当我们让某个人相信地板能够承受住他，并诱使他在地板上行走时，人们或许不会说我们是在改变他的信念。但是，从传统的意义上讲，当我们给他口头保证，让他相信地板很结实，并且亲自站上去向他证明这一点，或者向他描述地板的结构或状态时，我们就是在改变他的信念。这二者之间唯一的区别在于方法的明显性。一个人通过在地板上行走从而"学会了信任地板"，这种情况下所发生的改变是强化的特有效果。而当他被告知地板很结实，当他看到其他人在地板上行走，或者当别人的口头保证让他"相信"地板能承受住他，这时所发生的改变则往往依赖于过去的经验，只不过这些经验所起的作用不再像过去那么明显罢了。例如，一个人在坚固程度不一的物体表面（如结冰的湖面）上行走，他很快就能辨别[6]出有人走的表面和无人走的表面，或者说安全的表面和危险的表面。而且，他能学会很有把握地在前一种表面上行走，而在后一种表面上行走时则小心翼翼。如果看到有人在后一种表面上行走，或者有人向他保证说后一种表面是安全的，后一种表面（即危险的表面）就会转变为前一种，即安全的表面。由于他可能会遗忘过去这段学会区分两种情况的经历，区分两种情况所带来的结果似乎就成了一种被称为思想改变的内在事件。

偏好、知觉、需要、目的、态度、观点以及其他心理特性的改变，都可以用同样的方式来分析。通过改变相倚联系，我们可以改变一个人看待事物的方式，改变他在观察事物时所看到的对象，但我们改变不了那种叫知觉的东西。通过对不同的行动过程加以区别强化，我们会改变反应的相对强度，但我们改变不了那种叫偏好的东西。通过改变一种被剥夺的状况或厌恶性刺激，我们可以改变一种行为发生的可能性，但我们改变不了需要。我们常以特定的方式来强化行为，但我们给不了一个人目的或意图。我们可以改变对待某物的行为，但改变不了对它的态度。我们可以抽取并改变言语行为，但改变不了观点。

改变思想的另一种方式，是指明一个人以某种特定方式行为的原因，而这些原因几乎都可能相倚于行为的结果。比如，一个孩子用刀的方法很危险。为避免出问题，我们可以让环境变得更为安全一些——如把刀拿走，或者给他一种更安全的小刀——但这样并不能让他学会使用世界上各种危险的刀子。不加干涉的话，他可能会在某个时刻因为使用不当而割伤手指后学会正确用刀的方法。我们也可以通过换一种不那么危险的惩罚方式来帮助他——例如，当我们看到他用刀的方式很危险时，打他一下，或者只是嘲笑他一下。如果"正确"和"错误"这两个字眼通过条件作用已经成为正强化物和负强化物，那么，我们就可以告诉他，有些用法是正确的，有些用法是错误的。不过，假如所有这些方法都产生了我们不想看到的副作用，比如改变了我们与他之间的关系，我们就会因此而决定求助于他的"理性"。（当然，只有他已经到了"理性的年龄"，这种做法才可行。）我们可以向他解释各种相倚联系，跟他说明用不同的方法使用刀具会带来的结果。我们可以向他说明，从这些相倚联系中可以推导出什么样的规则（"绝不可将刀口**对准你自己**"）。这样一来，我们就可以教会孩子如何正确使用刀具，而且，我们还可以说，我们已经将正确使用刀具的知识传授给了他。不过，我们在教导、指导以及使用其他言语刺激的过程中，都不得不利用大量先前形成的条件作用，而这些条件作用很容易被人忽视，因此，它们的贡献可能就会被归结到自主人的身上。还有一种更为复杂的观点涉及从原有的理由推断出新的理由。这个推断过程依赖于更为长期的言语方面的过去经历，而且，这个过程特别容易被人称为改变思想的过程。

当通过改变思想来改变行为的各种方法取得了显著的效果时，人们很少对这些方法持容忍的态度，即使被明显改变的依然只是思想。当改变者和被改变者的力量悬殊太大时，我们通常不会包容改变思想的举动，因为这是"不公平的影响"。我们也不赞同偷偷摸摸地改变思想。如果一个人看不出那个想改变思想的人正在做什么，他就无法逃避，也不能做出反击，因为他此时正被"宣传"包围着。就连那些原本赞同改变思想的人也认为不应该采用"头脑风暴"，因为它所施加的控制实在太明显了。常用的技术是建立一种令人非常厌恶的情境，如饥饿或睡眠不足，然后通过缓解这种令人厌恶的情境，来强化所有对某种政治制度或宗教制度"表现出积极态度"的行为。只要强化对控制者有利的主张，便可以建立一种对控制者有利的"观点"。在那些受它控制的人看来，这一控制过程可能并不明显，但在其他人眼里，这种控制太过明显，以至于他们谁也不会把这当成一种可以接受的改变思想的方式。

有人认为，当控制看似不完整时，自由与尊严就会受到尊重，但这是一种幻觉，产生这种幻觉的部分原因是操作性行为的或然性。任何环境条件都极少以或全或无的反射形式"引出"行为，它只是使某些行为更有可能发生。一个暗示本身可能不足以引起一个反应，但它可以增加一个后来可能会出现的微弱反应的强度。这种暗示很明显，但引起该反应的其他事件却模糊不清。

第五章 | 惩罚以外的方式

像放任自流、助产术、指导、依赖于事物等方法一样，自由与尊严的捍卫者也对改变思想的方法持容忍的态度，因为它是一种不太有效的改变行为的方法，而且，改变思想者也可以因此而逃避指责，不让别人说他是在控制人。事情出错时，他也可以不用承担责任。这样，自主人就幸存了下来，他会因为所取得的成就受到褒奖，也会因为犯下的错误而受到指责。

微弱控制措施所敬重的表面自由，只不过是一种不太明显的控制。当我们看似把控制移交给一个人时，我们其实只不过是把一种形式的控制转变成了另一种形式的控制。有一份新闻周刊在讨论是否对流产进行法律控制时曾主张："处理这一问题的直接方法，是让个体在良知和理智的引导下，不受陈旧、虚伪的观念和法规的干扰，做出自己的选择。"[7] 这里所提议的，不是要把法律控制变成"选择"，而是把法律控制变成过去由宗教机构、伦理机构、政府机构和教育机构所实施的控制。现在，个体将因为行为的结果而采取行动（在这些结果中，不再有法律惩罚的作用），仅仅从这个意义上说，他"获得了允许"，可以自己决定怎么处理这件事情。

采取放任自流政策的政府是一个将控制权留给其他机构的政府。如果在这样一个政府领导之下的人民行为表现良好，那是因为他们受到了伦理道德或其他事物的有效控制，或者受到了教育机构和其他机构的诱导，从而表现出忠诚、爱国、守法的行为。只有存在可利用的其他形式的控制时，控制最少的政府才是最好的政府。从政府被界定为实施惩罚的权力这个意义上说，自由文献起了重要作用，它促进惩罚性控制转变成了其他形式的控制，但是，它并没有因此而让人们从政府的控制中解脱出来。

自由经济并不意味着不要经济控制，这是因为，只要货物与金钱依然具有强化作用，经济就无自由可言。当我们拒绝对工资、价格以及自然资源的利用施加控制，从而不让经济活动妨碍个体的主动性和积极性时，我们就会将个体置于无计划的经济相倚联系的控制之下。同样，任何一所学校也都不是"自由的"。如果教师不教学，那么，学生就只有在虽不怎么明显但依然有效果的相倚联系普遍存在的情况下才能学习。非指导性的心理治疗师或许可以让他的患者摆脱日常生活中一些有害的相倚联系，但只有在伦理、政府、宗教、教育或者其他方面的相倚联系诱导患者这样做时，他才能"找到自己的解决办法"。

（治疗师与患者之间的接触是一个敏感的问题。治疗师对他的患者再怎么"不加指导"，他都要观察患者，与他交谈，听他讲述。他的职业要求他关注患者的健康，而如果他富有同情心的话，他就会**关心**自己的患者。他所做的这一切都具有强化作用。不过，有人曾提出，如果治疗师能让这些强化物不具相倚性——不让这些强化物总是紧随某一特定的行为出现，他就能避免改变患者的行为。正如一位著作家所说的："治疗师的反应都是一致的，他对患者怀有敏感的同情心和普遍的关切，用学习理论的术语来说就是，他对来访者的任何行为的奖赏都是一样的。"这或许是一项不可能完成的任务，而且无论如何也达不到所宣称的那种效果。不具相倚性的强化物并不是没有起作用，任何一种强化物总会对某种东西起强化作用。当一位治疗师表现出他对患者的关心时，他就是在强化患者当时做出的行为。一种强化，尽管可能是偶然的，但也会加强某种行为，使得这种行为在这之后更有可能发生，并且再次受到强化。这种情况经常导致人们对偶然因素的"迷信"，那些易于上当受骗的人可以证明这一点，而且，人们对偶然强化的敏感性也不可能减少。不需要任何理由地对他人友好，不管他是好人还是坏人都热情相待，这些做法是《圣经》所鼓励的：神的恩典不相倚于人的作为，否则就不再是恩典。不过，还有一些行为过程也需要考虑到。）

　　选择微弱控制方法的人都犯了一个根本的错误，那就是：他们以为这样就可以将控制的平衡权留给个人，但实际上控制的平衡是由其他条件决定的。这些其他条件通常很难被观察到，但如果一直忽略它们，并将它们的作用归因于自主人，那么就会招致灾难。当实施控制的过程被隐藏起来或加了伪装，那么，要进行反控制就十分困难。因为在这种情况下，我们弄不清楚应该逃离谁，或者应该攻击谁。有关自由与尊严的文献曾经是反控制方面的卓越实践，但它们所提出的措施已不再能适应当前的任务。相反，它们可能会带来严重的后果。接下来，我们必须探讨一下这些后果。

　　只有采取微弱的非厌恶性控制，自主人的自由与尊严似乎才能够得以保存。采取这些控制形式的人似乎是在为自己辩护，不让别人指责自己，说自己是在试图控制人的行为，而且，当事情出错时，他们也无须承担责任。放任自流就是不施加任何控制。如果这种做法带来了让人满意的结果，那仅仅是其他的相倚联系所致。助产术或产婆术将行为的功劳归给了那些"生出"这种行为的人，而对发展的指导则将功劳归给那些得到发展的人。当一个人依赖于事物而不依赖于人时，人为干预的作用似乎就大大减弱了。对于通过改变思想来改变行为的各种方法，自由与尊严的捍卫者不仅持容忍态度，而且还大力实施。虽然当前有人在大

谈特谈要减少对他人的控制，但其他一些措施依然在被人们使用着。一个常常以可接受的方式对微弱控制做出反应的人，或许也会因为一些早已不起作用的相倚联系而改变。由于自由与尊严的捍卫者不承认相倚联系的存在，他们促进了对控制方法的错误运用，还阻碍了一种更为有效的行为技术的发展。

第六章
价值

在我们所谓的前科学观点（"前科学"并不一定是一个贬义词）看来，一个人的行为至少在某种程度上可以说是他自己的成就。他可以自由地思考、决定和行动（且很可能是以独创的方式思考、决定和行动），他会因为自己的成功而获得奖赏，因失败而受到指责。而在科学观点（"科学"一词也不一定就是褒义的）看来，一个人的行为往往由其遗传素质所决定，这种遗传素质可以追溯至人类的进化史，而且也会受到个体所处的环境条件的影响。这两种观点都无法被证实，但从科学探究的本质看，各种证据应该转而支持第二种观点。随着我们对环境作用的了解越多，我们就越少将人类行为归因于一个自主的控制性动因。而当我们着手调整或改变行为时，第二种观点就显示出了明显的优势。自主人是难以改变的。事实上，只要一个人是自主的，顾名思义，他就根本无法改变。但是，环境可以改变，而我们也正在学习如何改变环境。虽然我们所采取的手段通常是物理技术和生物技术，但我们会以特别的方式使用这些技术，从而影响行为。

在这种从内部控制向外部控制转变的过程中，有些东西还不明确。据推测，内部控制不仅是自主人实施的，而且也是为了自主人而实施的。但是，使用一种强有力的行为技术是为了谁？又由谁来使用？使用的目的是什么？我们曾暗示说，一种控制实践的效果要优于另一种，那么，我们这样说的依据是什么？当我们说另一种控制实践更好时，那什么又是好的呢？我们能给美好生活下定义吗？或者说，向着美好生活发展指的又是什么？更甚者，发展又是什么呢？总之一句话，对个体或种族来说，生活的意义是什么？

这种类型的问题似乎都指向未来，关注的不是人的起源，而是人的命运。当然，有人说，这些问题涉及"价值判断"——它们问的不是有关事实的问题，而是关于人对于这些事实的感受；不是有关人**能够**做什么，而是关于人**应该**做什么。有人常常暗示说，这些问题的答案已经超出了科学的范围。物理学家和生物学家通常也赞同这一观点，而且，他们的赞同有一定的道理，因为他们各自的科学确实都无法给出这些问题的答案。物理学可以告诉我们如何制造原子弹，但无法告诉我们是否应该制造原子弹。生物学可以告诉我们如何控制生育、如何延长人的寿命，但无法告诉我们是否应该这样做。有关如何运用科学的决策，似乎需要一种智慧，但不知是什么原因，科学家并不具备这种智慧。如果他们要做价值判断，那他们所用到的智慧也只不过跟常人差不多而已。

如果行为科学家赞同这一点，那就大错特错了。人们对于事实的感受如何，或者他们的感受有何意义，这是一个关于行为的科学应该能够解答的问题。事实毫无疑问不同于人们对于事实的感受，但后者本身也是一个事实。同其他地方一样，这里的麻烦也是：人们喜欢用感受到的东西来解释一切。一个更有意义的问题是：如果科学分析能够告诉我们如何改变行为，那它能否告诉我们要做出哪些改变？这是一个关于那些事实上确实提议过要改变行为并正在改变之人的行为的问题。人们有充分的理由采取行

第六章 | 价值

动以改善世界，并朝着更好的生活方式努力。他们的理由中包括其行为引起的某些结果，而这些结果中，又包括一些人们很看重并称之为"好"的东西。

我们可以从一些简单的例子开始。有一些东西几乎人人都交口称赞。有些东西尝起来很好吃，有些东西摸起来很舒服，有些东西看起来很漂亮。我们说这些，就像我们说它们尝起来很甜、摸起来很粗糙或者看上去是红色的一样轻而易举。那么，是不是所有好的东西都具有某种共同的物质属性呢？几乎可以肯定不是。甚至任何甜的、粗糙的或者红色的东西都不具备任何共同的属性。如果我们先看一个蓝绿色的表面，然后再看一个灰色的表面，就会觉得后者看起来像是红色的。如果我们先摸砂纸再摸普通纸张，就会觉得后者十分光滑；而如果我们先摸平板玻璃再摸普通纸张，就会觉得后者十分粗糙。吃过苦涩的东西后再喝自来水，会觉得自来水都是甜丝丝的。因此，被我们称为红色的、光滑的或甘甜的物体的某个部分，必定存在于注视者、触摸者或品尝者的眼中、指尖或舌头上。当我们说一个物体是红色的、粗糙的或者是甘甜的，我们归结于该物体的这些属性其实从某种程度上说是我们的身体因最近受到的刺激而产生的一种状态（就像上面提到的那些例子一样）。而当我们说某一物体好时，身体的状态就更为重要了，而且，这样说所依据的理由也不一样。

好的东西通常都是正强化物[1]。尝起来美味的食物会强化我们的进食行为。摸起来让人感觉舒服的东西会强化我们的触摸行为。而那些看起来漂亮的东西则会强化我们的观赏行为。当我们随口说"去弄点"这样的东西来，我们其实表现出的是一种经常受到这些东西强化的行为。（同样，我们认为不好的东西也不具有共同的属性。它们都是负强化物，当我们逃离或避开它们时，我们的行为就会受到强化。）

当我们说价值判断不是一个有关事实的问题，而是关于人们对事实的感受的问题时，我们只不过是区分了事物和它的强化作用。事物本身是物理学和生物学的研究对象（它们通常不考虑事物的价值），但是，事物的强化作用则属于行为科学的研究范围。由于它涉及操作性强化作用，它也是一门价值科学。

事物之所以有好（具有正强化作用）坏（具有负强化作用）之分，很可能是因为人类进化过程中存在各种不同的生存性相倚联系。[2] 有些食物具有强化作用，因此，这一事实具有明显的生存价值，这就意味着人们会更快地学会寻找、种植、采摘或捕获这些食物。同样，对负强化的感受性也很重要。那些因逃离或避开潜在危险状况从而受到高度强化的人，享有明显的优势。于是，这种感受性就成了人们所说的"人的本性"这种遗传素质的一部分，特定的事物能以特定的方式对它进行强化。（这种遗传素质还包括：新的刺激通过"应答性"条件作用[3] 也会成为强化物——例如，如果我们在看到一个水果后，能够咬上一口，并发现这个水果很好吃，那么，"看到水果"就有了强化作用。形成应答性条件作用的可能性，并不会改变这样一个事实，即所有强化物最终获得的力量都来源于进化选择。）

通过说某物好或坏来进行价值判断，其实是根据这个物体的强化效果对其作一归类。正如我们马上就要看到的那样，当强化物开始由其他人使用时（例如，当"好"和"坏"这样的言语表达开始成为强化物时），这种分类的重要性就显示出来了。但是，事物早在被说成好或坏之前就已经具有强化作用——而且，对于那些没有能力说这些事物好或坏的动物、婴儿以及其他一些人来说，它们仍然具有强化作用。强化效果固然很重要，但这是否就是人们所说的"人们感受事物的方式"呢？难道仅仅**因为**人们感觉它们好或坏，事物便不具有强化作用了吗？

有人说，感受是自主人整体结构的一部分，对此，我需要稍作进一步的评论。当一个人的身体表面感觉到事物时，他的体内也会感觉到事物。当一个人感觉自己脸上挨了一巴掌时，他会觉得脸上的肌肉麻麻的；当他感觉寒风吹来时，内心也会觉得有些郁闷。外部感觉和内部感觉之间有两个重要的不同之处。首先，他能主动地通过感官感觉体外之物。他在感觉某物体时可以让指尖划过该物体的表面，从而增强从物体那里所获得的刺激。但是，即使他有办法"增强"自己对存在于体内之物的"意识"，他也无法用同样的方式主动地去感觉到它们。[4]

另一个更为重要的区别在于一个人学习感觉事物的方法。只有当各种颜色、声音、气味、味道、温度与强化发生相倚联系时，一个孩子才能逐渐学会区分不同的颜色、声音、气味、味道、温度等。如果红色糖果有一种具有强化作用的香味，而绿色糖果没有，那么，这个孩子就会拿红色糖果吃。一些重要的相倚联系是言语性的。父母通常强化孩子正确的反应，从而教会他们识别不同的颜色。当孩子面前的物体是蓝色的，孩子也说是"蓝色"时，父母就会说"好"或"对"。当孩子面前的物体是红色的，而孩子却说是"蓝色"时，父母就会说"错了"。而孩子在学习如何对体内之物做出反应时，就不可能这样做了。一个人教孩子如何区分不同感受有点像一个色盲教孩子如何区分颜色。因为教授者根本无法确定那种决定是否应该给孩子的某种反应施以强化的条件是否存在。

一般而言，在区分一些难以言喻的刺激物时，言语社会是不可能安排必要的微妙的相倚联系，以教授他人对这些刺激物做出精细区分的。这必须依赖于能证明个体某一内心状态是否存在的可见证据。一位家长之所以能教会孩子说"我饿了"，不是因为他感觉到了孩子的感受，而是因为他看到孩子吃饭的时候狼吞虎咽，或者看到孩子的其他行为举止与食物被剥夺或食物的强化作用有关。在这种情况下，证据可能很充分，孩子也可能学会了比较精确地"描述他自己的感受"，但事实并不总是如此，因为有许多感受并没有明显的外在表现。因此，有关情绪的语言通常并不精确。我们往往有种倾向，那就是喜欢用学过的与其他事物有关的词汇来描述我们的情绪，而我们使用的词汇几乎全部源自一些比喻。

我们可以根据我们感觉到的东西的味道、外观、感受来强化孩子，从而教会孩子说某些东西好。但是，每一个人觉得好的东西都不一样，我们有可能是错的。这样一来，唯一可获得的其他证据就是孩子的行为了。如果我们给孩子吃一样他从未吃过的食物，而孩子开始主动地吃这种食物，那么，第一口尝到的滋味便显然具有强化作用。然后，我们就告诉他这种食物好，而且，当孩子说这种食物好时，我们也会表示赞同。不过，孩子还有其他一些信息。他会感觉到其他一些效果，日后如果遇到其他东西也具有同样的效果，他即使没有主动地品尝，也会称之为好的。

一个刺激物的强化效果与它所带来的感受之间并无重要的因果关系。按照威廉·詹姆斯对情绪的新解释，我们很可能会说，一个刺激物并不是因为它让人感觉好才具有强化作用，而是因为它具有强化作用才让人感觉好。但是，这里的两个"因为"又会让人产生误解。刺激物之所以具有强化作用，同时又会带来让人感觉良好的状况，其原因只有一个，而且这个原因要到进化史中去寻找。

即使作为一条线索，重要的也不是感觉，而是所感觉到的事物。让人感觉光滑的是玻璃，而不是"光滑的感觉"。让人感觉良好的是强化物，而不是那种好的感觉。人们概括了那些对美好事物的感觉，称它们为快乐；也概括了那些对不好事物的感觉，称它们为痛苦。但是，一个人的快乐或痛苦并不是我们给予的，我们只是给了他让他感到快乐或痛苦的事物。人们并不会像享乐主义者坚持认为的那样尽其所能地趋乐避苦，而是努力地创造让其感到快乐的事物，并回避令其感到痛苦的事物。伊壁鸠鲁的观点并不完全正确：快乐并非至善，痛苦也并非极恶。唯一的好事物是正强化物，而唯一的坏事物是负强化物。所谓要尽可能获得或尽可能避开的，或者，所谓至善或极恶的，是事物，而不是感受。人们之所以要努力地去获得或避开它们，并不是因为人们对它们的感受方式，而是因为它们本身是正强化物或负强化物。（当我们说某物**令人愉快**时，我们所表达的可能是一种感受，但这种感受是这样一个事实的副产品，即令人愉快的事物是名副其实的具有强化作用的事物。我们在说到感官的**满足**时，好像说的是一种感觉，但满足［to gratify］就是强化，而感激［gratitude］则指的是相互的强化。我们说一种强化物**令人满足**时，就好像是在表达一种感受。但"令人满足"这个词的字面意思是改变某物的被剥夺状态，从而使这一物体具有强化作用。获得满足就是可以充分享用。）

有些具有强化物功能的简单的好事物往往来自其他人。人们通过紧紧靠在一起取暖或者获得安全感，他们在性生活上互相强化，他们互相分享东西、借用东西或者偷窃东西。另一个人施加的强化并不一定是蓄意的。一个人学会了以拍手来吸引另一个人的注意,但那个人转过身来并不是为了让他再拍手。一位母亲学会了以安抚来让哭闹的孩子安静下来,但孩子安静下来并不是为了让母亲再次安抚他。一个人学会了以攻击来赶跑敌人,但敌人跑开并不是为了让他在另一个场合再次攻击自己。在以上情况中,我们认为,这些具有强化作用的行为是无意的。如果其效果具有强化作用,那么,行为就变成蓄意的了。正如我们在前面已经看到的那样,一个人故意采取某种行动,并不是因为他有这样一种意图,然后将这种意图付诸实施,而是因为他的行为受到了行为结果的强化。一个孩子哭闹时得到了安抚,那么,他以后就会故意哭闹。一位拳击教练可能会装出受伤的样子来教学员以特定的方式攻击他的身体。一个人不可能为了让另一个人拍手而去关注他,但是,如果另一种吸引他人注意的方式比这种方式更令人厌恶,他可能就会故意这样做。

当其他人蓄意安排并维持具有强化作用的相倚联系时,人们可能就会说,受这些相倚联系影响的人是"为了他人的利益"而采取行动的。很可能最初导致这种行为的相倚联系(至今依然是最为常见的相倚联系)是厌恶性的。凡是拥有必要力量的人都可以用令人厌恶的方式对待他人,直到他人的反应方式对他起了强化作用为止。通常情况下,使用正强化的方法更难掌握,也不太可能为人们所用,因为使用这种方法的结果要延迟很久才能看到。不过,它们也有优点,那就是:不易受到反击。究竟使用哪种方法,通常要视使用者所拥有的力量而定:壮汉以暴力相威胁,丑八怪让人感到害怕,俊男靓女可以施加性强化,而富人有金钱做后盾。言语强化物的力量往往来自与它们一起使用的特定强化物,而且,由于它们在不同的场合伴随着不同的强化物一起使用，它们的作用有可能会泛化。我们只要说"好"或"对"就可以对一个人进行正强化，只要说"不好"或"错"就可以对一个人进行负强化，而这些言语刺激之所以有效，是因为它们曾伴随其他强化物一起使用。

（我们需要对下面两组词做一个区分。我们说某个行为好或坏——其间所包含的伦理寓意并非偶然——是根据他人在通常情况下强化这一行为的方式来说的。而我们说某个行为对或错，则通常是根据其他相倚联系来说的。做一件事情既有对的方法，也有错的方法。我们可以说司机驾驶时的某一个特定动作对，而不是简单地说它好；可以说他的另一个动作错了，而不是简单地说它坏。对于表扬与批评、褒奖与责备，我们也可以做类似的区分。当人们的行为对我们产生正强化或负强化时，我们会给予一般性的表扬或批评，并不会提及其行为的结果。但是，当我们因某人取得的成就而褒奖他，或者因他所犯下的过错而责备他时，我们所针对的是成就或过错，并强调这一成就或过错实际上是其行为所导致的结果。不过，对于"对"与"好"，我们几乎是交替使用的，而表扬与褒奖之间的区分也并非始终值得为之费力的事。）

一种强化物的效果如果不能归因于其在进化过程中的生存价值（例如，海洛因的效果），那么，这种效果很可能就是不规则的。条件性强化物看起来好像暗含了其他种类的易感性，但由于一个人早年生活环境的影响，它往往行之有效。在陶育礼[5]看来，荷马时代的希腊人以极大的热情为之而战的，不是幸福，而是同胞们的尊重。幸福或许可以用来代表个人的强化物（这种强化物可以归因于其生存价值），而尊重则代表的是一些条件性强化物，这种条件性强化物常常被用来引导一个人为他人利益效力。不过，所有条件性强化物都是从个体强化物那里获得力量（在传统的观点看来，公众利益总是建立在个人利益之上），因此也是从人类进化史中获得力量的。

一个人在为他人利益效力时的感受，通常取决于所使用的强化物。感受是相倚联系的副产品，它并不能进一步阐明公众与个人之间的区别。我们通常不会说，简单的生物强化物之所以有效，是因为它们自爱。同样，我们也不应该将"为他人利益而采取行动"归因于一种对他人的爱。一个人在为他人利益而行动的过程中，他可能会感觉到爱、恐惧、忠诚感、义务感，或者其他任何一种源自造就该行为之相倚联系的状态。一个人不会因为一种归属感而为他人利益效力，也不会因为一种疏离感而拒绝为他人利益效力。他的行为依赖于社会环境所施加的控制。

111　　当一个人被诱导去为另一个人的利益效力时，我们可能会问：这样做的结果是否公正或公平？双方所得的利益是否相称？当一个人以令人厌恶的手段控制另一个人时，往往并没有什么相称的利益可言，而正强化物也可以以极不平等的方式加以运用。在行为过程中没有什么东西可以保证公平的待遇，因为一种强化物引发的行为量取决于行为产生时的相倚联系。在极端的情况下，一个人可能会受到其他人的强化，而这种强化的程式甚至会让他付出自己的生命。例如，我们假设有一群人受到了某种食人怪物（神话故事中的"怪兽"）的威胁。这群人当中有一个拥有特殊力量或技能的人挺身而出，杀死了怪兽，或者赶走了怪兽。这群人终于摆脱了威胁，他们用各种形式强化这位英雄，如赞许、表扬、给予荣誉、敬爱、举行庆功仪式、给他塑像、建凯旋门、把公主嫁给他等等。其中有一些可能是无意的，但仍会对这位英雄有强化作用。而有一些则可能是蓄意的——他们之所以以这些方式强化这位英雄，就是为了让他承担起杀死或赶走其他怪兽的任务。这些相倚联系中存在一个重要的事实，那就是：威胁越大，英雄人物消除威胁后所获得的尊重也就越高。因此，这位英雄便会承担起越来越危险的任务，直到某一天他自己被杀身亡。相倚联系并不一定都是社会性的，在其他危险的活动（如爬山）中也可以看到相倚联系。这类活动的威胁越大，解除威胁的强化作用就越大。（因此，行为过程应该也会出错，也会导致死亡，这同飞蛾的趋光行为一样，并不违背自然选择的基本原则。趋光行为在引导飞蛾飞向太阳时具有生存价值，但当它引导飞蛾扑向火焰时，却是致命的。）

正如我们已经看到的，公正或公平的问题常常不过是一个善于管理资源的问题。这个问题在于强化物是否得到了明智的运用。另外两个在很早以前就与价值判断密切相关，但并非明确属于资源管理问题的词语是"应当"（should）和"应该"（ought）[6]。我们经常用这两个词来澄清非社会性的相倚联系。"去波士顿的话，你应当（你应该）走一号公路"，这句话只不过是"如果你想通过到达波士顿来强化自己，那你走一号公路就可以得到强化"的另一种说法。说走一号公路是去波士顿的"正确"路线，并不是在做伦理判断或道德判断，而只是在陈述一个有关公路系统的事实。在下面这样一种表达中，你或许可以看到与价值判断更类似的东西："你应当（你应该）读一读《大卫·科波菲尔》。"这句话也可以被说成"如果读一读《大卫·科波菲尔》，你就能得到强化"。这句话暗指《大卫·科波菲尔》这本书具有强化作用，从这个意义上说，这句话是一种价值判断。我们再举一些例子，便可以让这种含义公开化："如果你喜欢《远大前程》，你就应当（你就应该）读一读《大卫·科波菲尔》。"如果那些受到《远大前程》一书强化的人在通常情况下确实也会受到《大卫·科波菲尔》的强化，那么，这种价值判断就是正确的。

当我们转而讨论那些诱导一个人为他人利益效力的相倚联系时，"应当"和"应该"就会引发更为棘手的问题。"你应当（你应该）说实话"指的是具有强化作用的相倚联系，从这个意义上说，它是一种价值判断。我们可以把这句话转换成："如果你想获得同伴的赞同从而受到强化，那么，你只要说实话，就会受到强化。"价值存在于为控制目的而维持下来的社会性相倚联系中。民族精神和道德规范指的是一个社会群体的习俗惯例，从这个意义上说，这句话就是一种伦理判断或道德判断。

在这个领域，人们会很容易忽略相倚联系。一个人之所以驾驶技术娴熟，是因为具有强化作用的相倚联系塑造并维持了他的行为。对这种行为的传统解释，通常会说他具备驾驶所必需的知识或技能，但是，知识和技能必定要追溯到最初用来解释行为的相倚联系。我们不会说，一个人在驾驶时之所以会做"应当做"的事情，是因为他有一种内在的是非感。不过，我们极有可能会用某种这样的内在美德来解释为什么一个人能与其同伴和睦相处。但他之所以这样做，不是因为他的同伴赋予了他一种责任感或义务感，也不是因为一种对他人的忠诚和尊重，而是因为他们安排了有效的社会性相倚联系。行为被归为好或坏、正确或错误，并不是因为它们本身的好或坏，不是因为它们所具有的好或坏的特性，也不是因为一种有关正确和错误的知识，而是因为涉及多种强化物的相倚联系，包括"好！""坏！""正确！""错误！"这样一些泛化了的言语强化物。

一旦确定了控制被我们称为好或坏、正确或错误的行为的相倚联系，我们就能将事实与人们对事实的感受清楚地区别开来。

人们对事实的感受是一种副产品。重要的是他们对事实采取了何种行动,而他们所采取的行动是一个事实,只有通过审视相关的相倚联系,才能理解这一事实。卡尔·波普尔[7]的传统观点与此相反,他认为:

> 绝大多数人会遵循"你不应该偷盗"这一行为准则,尽管这是一个社会学事实,但很可能人们依然需要决定是遵循这一准则,还是遵循与之相反的准则。而且,人们还有可能会鼓励那些遵循该准则的人坚守准则,或者劝阻他们,并说服他们接受另一种准则。**人们绝不可能从陈述事实的句子中推导出陈述准则或决策的句子**,换种说法也就是:人们不可能从事实中推导出准则或决策。

只有当确实"有可能采取某种准则或者采取某种相反的准则"时,波普尔的这个结论才站得住脚。在这里,自主人发挥出了他最令人敬畏的作用,但是,一个人是否遵循"你不应该偷盗"这一行为准则,往往取决于一些支持性的相倚联系,对此,我们绝不可忽视。

我们可以引用一些相关的事实。早在人们明确提出这一"行为准则"之前,失窃的人就已经开始惩戒那些偷盗的人。到了后来的某个时候,偷盗才开始被说成是错误的行为。这样一来,偷盗行为就会受到惩罚,甚至那些未遭偷盗的人也会惩罚这种行为。于是,某个熟悉这些相倚联系的人(他之所以熟悉这些相倚联系,很可能是因为他自己曾卷入其中)可能就会告诫另一个人:"切勿偷盗。"如果他有足够的威望或权威,那他就不需要进一步描述这些相倚联系。"十诫"中的"不可偷盗"是一种更为严厉的形式，暗含了超自然的制裁。"你不应该偷盗"这句话隐含了一些相关的社会性相倚联系，我们可以将这句话转换成"如果你不想被惩罚，那就不要偷盗"或者"偷盗是错误的，而错误的行为必定会受到惩罚"。这样一种表述并不比"如果喝咖啡让你无法入睡，那么，当你想睡觉时，就不要喝咖啡"这类句子更为规范。

任何规则或法律都包含一条有关普遍相倚联系（可能是自然的相倚联系，也可能是社会性的相倚联系）的陈述。一个人之所以遵循某条规则或者遵守某条法律，可能仅仅是因为这条规则或法律所指的相倚联系，但那些制定规则和法律的人通常还会提供一些附加的相倚联系。建筑工人戴上安全帽，从而遵守了一条规则。这里的自然相倚联系（涉及保护建筑工人不被下落物击中头部）并不十分有效，因而必须强制实施另一条规则：如果有建筑工人不戴安全帽，他就将被解雇。戴安全帽与保留工作之间并**无自然的**联系，维持这二者之间的相倚联系，是为了支持那种自然但不那么有效的相倚联系（涉及保护建筑工人不被下落物击中头部）。对于任何一条涉及社会性相倚联系的规则，我们也可以推断出类似的观点。只要告诉他们真相，他们的行为终究会变得更为有效，但是，讲真话的收益太过遥远，不足以影响到讲真话者，因此，为了维持讲真话这一行为，就必须附加上额外的相倚联系。这样一来，讲真话就被说成是好的行为。讲真话是正确的，而说谎则是坏的、错误的。其间的"准则"只不过是一种关于相倚联系的陈述而已。

当"为他人利益效力"的蓄意控制是由宗教、政府、经济和教育组织实施时，这种控制就会变得更为有力。[8]一个社会群体常常会通过惩罚其行为不良的成员来维持某种秩序，但是，当这种功能由政府接手后，实施惩罚的任务就会被分配给专家们，而这些专家可以实施罚款、囚禁、死刑等更为有力的惩罚形式。"好"和"坏"就变成了"合法"与"非法"，各种相倚联系也被编纂成了规定人的行为及其相应惩罚的法律条文。对于那些守法者来说，法律条文之所以有用，是因为它们规定了哪些行为必须被避免；而对于那些执法者来说，法律条文之所以有用，是因为它们规定了哪些行为应该加以惩罚。社会群体也被一个界定更为明确的机构所取代——政府或国家。它的权威或惩罚的权力可能会明显地体现在各种仪式、旗帜和音乐中，也可能体现在有关受人敬重的守法市民和臭名昭著的违法之徒的故事中。

宗教机构是一种形式特殊的政府，在这里，"好"与"坏"变成了"虔诚"与"罪孽"。涉及正强化和负强化的相倚联系常常是一些极端的相倚联系，它们也会被编纂成法典——如宗教戒律。维持这些相倚联系的也是专家，而且，它们常常还会获得仪式、典礼和故事的支持。同样，一个无组织群体的成员往往在非正式相倚联系的控制之下彼此交换货物和服务，而一个经济组织或机构则往往会明确其成员的特定角色——如雇主、雇员、买方、卖方等——并构想出特定类型的强化物，如货币、信用卡。各种相倚联系常常体现在协议、合同等之中。教育领域也是如此：非正式群体的成员通常在有意或无意指导之下相互学习，而有组织的教育则会雇用被我们称为教师的专家，让他们在特定的地方（即我们所说的学校）通过安排与特定强化物（如成绩、文凭）相关的相倚联系来进行教育。在这个领域，"好"与"坏"就变成了"正确"与"错误"，而需要学习的行为则可能会被编纂成教学大纲和各种测试。

有组织的机构能够更为有效地引导人们"为他人利益效力",因此,它们往往会改变人们所感受到的东西。一个人之所以支持自己的政府,并不是因为他忠诚,而是因为政府安排了特定的相倚联系使他保持忠诚。我们说他有忠心,教会他说他自己是一个忠诚的人,并教会他陈述他感觉"忠诚"的特定状态。一个人支持自己的教派,也不是因为他虔诚。他之所以支持自己的教派,是因为这个宗教机构所安排的相倚联系。我们说他虔诚,教会他说他自己是一个虔诚的人,并教会他陈述自己对"虔诚"的感觉。就像经典文学中有关爱与责任、爱国之心与信仰的主题一样,感受之间的冲突实质上就是不同的强化性相倚联系之间的冲突。

随着引导一个人"为他人利益效力"的相倚联系变得更加强而有力,它们会使与个人强化物相关的相倚联系相形见绌。于是,在这种情形之下,它们就有可能会受到挑战。当然,挑战只是一个比喻,它意指一场比赛或斗争,而人们在应对过分的控制或冲突的控制时会做些什么,这一点可以做更为细致的阐述。在第二章,我们已经看到了自由之战的模式。一个人可能会背叛政府,转而求助于一个小群体的非正式控制,或者过一种梭罗式的隐居生活(Thoreauvian solitude)。他可能会变成一个脱离正统宗教的叛教者,转而求助于一个非正式群体的伦理实践,或者过一种与世隔绝的隐居生活。他可能会逃离有组织的经济控制,转而求助于一种非正式的货物和服务的交换,或者过一种自给自足的生活。他可能会摒弃学者和科学家们的系统知识,转而寻求个人的经验(也就是从追求知识[*Wissen*]转向了寻求领悟[*Verstehen*])。还有一种可能性是削弱或摧毁那些施加控制的人,而采取的方式很可能是建立一种能与之抗衡的制度。

言语行为常常伴随着这些转变，它们支持着非言语行为，并劝导他人也参与其中。对于他人和有组织的机构所使用之强化物的价值或效力，人们可能会表示怀疑："我为什么要追求同伴的赞赏或者逃避同伴的责难呢？""我们的政府——或者其他任何一个政府——究竟能对我做什么？""教会真的能决定我是永遭诅咒还是永远受祝福吗？""金钱的妙用究竟何在——金钱能买到的一切我都需要吗？""为什么我必须学习教学大纲所规定的那些东西呢？"简而言之，一句话："为什么我必须'为了他人的利益'而行事？"

当人们通过这些方式避开或毁掉他人施加的控制后，剩下的就只有个人的强化物了。个体可能会通过性行为或毒品来追求直接的满足。如果他不需要费太大的力气便可以找到食物、避难所或安全之地，那他就不会采取太多的行为。因此，对于他所处的状况，我们可以说，他的生活缺乏某些价值。正如马斯洛[9]所指出的，我们可以将无价值感（valuelessness）"描述成各种各样的东西，如混乱、非道德、快感缺乏、无依无靠、空虚、绝望，或者缺乏某种让人深信不疑并愿意为之献身的东西"。所有这些词语似乎都是指内心的感受或状态，但事实上缺乏的是有效的强化物。混乱、非道德指的是缺乏一些能引导人们遵守规则的人为强化物。快感缺乏、无依无靠、空虚和绝望指的是缺乏一切类型的强化物。而"让人深信不疑并愿意为之献身的东西"则存在于那些引导人们"为他人利益效力"的人为相倚联系之中。

当必须采取实际行动时，感受与相倚联系之间的区别就显得尤为重要。如果个体确实正经受着某种所谓的"无价值感"的内在状态的折磨，那么，只有通过改变这一内在状态，我们才能解决这个问题——例如，可以通过"复活道德力量""激活道德力量"或者"提升道德品质或精神信念"来改变这种内在状态。不管我们认为相倚联系是导致问题行为的原因，还是导致那些据说可以用来解释问题行为之感受的原因，相倚联系都必须改变。

通常建议的方法是：减少冲突，使用更为有力的强化物，增强相倚联系的作用，从而加强原初的控制。如果人们不工作，那不是因为他们懒惰或得过且过，而是因为他们没有得到足够多的报酬，或者是因为他们生活优越、非常富裕，从而使得那些经济强化物失去了原本的效力。生活中的美好事物必定要恰当地相倚于个体所付出的劳动。如果市民不守法，那不是因为他们藐视法规或者都是些不法分子，而是因为执法不力。这个问题可以用这样一些措施来解决，如终止实施缓刑或减刑、增加警力、颁布更为严厉的法律。如果学生不学习，那不是因为他们对学习不感兴趣，而是因为学习标准太低，或者是因为所学的课程与一种让人满意的生活早已没有任何关联。如果知识和技能可以再次获得尊重，那么，学生就一定会积极主动地接受教育。（这将产生一个附带的结果：人们将因此而**感受到**勤劳苦干、遵纪守法，并对接受教育产生兴趣。）

我们可以恰如其分地说，这些旨在加强原有控制模式的建议太过保守。这样的策略可能会成功，但并不能解决实际的问题。那些旨在"为他人利益效力"的有组织的控制将继续与个人强化物相抗衡，各种不同的有组织的控制也会彼此牵制。控制者和被控制者各自所得的利益将依然不公平或不公正。如果问题仅仅是纠正这种不平衡，那么，任何试图让控制变得更为有效的行动都将导致方向性的错误，而任何试图获得完全的个人主义或完全摆脱控制的行动也会导致方向性的错误。

第六章 | 价值

要解决这个问题，第一步要做的是：确定一个人在为他人利益效力而受到控制时所能获得的利益有哪些。他人在施加控制时常常会操纵人类有机体易接受的个人强化物，还会操纵那些从个人强化物派生出来的条件性强化物，如赞扬或责备。但是，其间还有其他一些结果很容易被人忽视，因为它们通常不会立马就出现。我们已经讨论过如何使延迟的厌恶性结果变得有效这个问题。当延迟的结果具有正强化作用时，类似的问题也会出现。因此，对此做更进一步的讨论非常重要。

当那些更易受自身行为结果影响的有机体更好地适应了环境并生存下来时，操作性条件作用过程很可能就会产生。只有相当直接的结果才会有效。导致这种情况的原因之一与"最终原因"有关。行为并不会真的受到在其之后所发生之事的影响，但是，如果一个"结果"是直接的，那它就可能与行为相重叠。另一个原因则与行为和行为结果之间的功能关系有关。生存性相倚联系不可能产生条件作用过程（这个过程会考虑行为是如何导致其结果的）。行为和行为结果之间唯一有用的关系是时间上的关系：其间会产生一个过程，在这个过程中，强化物会强化在其之后出现的任何行为。但是，只有当这个过程所强化的行为确实产生了结果时，这个过程才有重要性可言。因此，这样一个事实非常重要，即紧跟某一反应出现的任何变化都很有可能是这个反应导致的。第三个原因与第二个原因有关，但更为实用，那就是：可以说，任何延迟结果的强化作用都可能会被某种干扰行为篡夺，这种干扰行为虽然在产生强化事件的过程中没有发挥任何作用，但也会受到强化。

操作性条件作用过程致力于直接的效应，但远期的结果也可能十分重要。如果个体能受到远期结果的控制，那他将受益匪浅。直接结果与远期结果之间的距离可以用一系列"条件强化物"来填补，我们之前曾讨论过一个关于条件强化物的例子。有一个人曾多次跑到躲避物下**躲**雨，最终，他会在下雨之前就跑到躲避物下，以**避免**被雨淋湿。在下雨之前经常出现的刺激物就变成了负强化物（我们称之为下雨的迹象或征兆）。如果一个人此时无处躲避，那么，这些刺激物就会变得更加令人厌恶，而一旦跑到躲避物下，他就可以**避开**这些刺激物，且能**避免**被雨淋湿。有效的结果并不是最终下雨时他没有被淋湿，而是一个条件性厌恶刺激马上就被减弱了。

当强化物起正强化作用时，远期结果的调节作用更容易被分析。例如，有一种"古老的行为"叫封火。封火就是在夜里把灰烬覆盖在燃烧的木炭上，以便第二天早上从中找出一块仍在燃烧的木炭，然后借着这块木炭重新燃起一堆火。在不容易找到其他生火方法的时代，这种封火行为至关重要。那么，当时的人们是怎样习得这种行为的呢？（当然，我们不能解释说是某个人"突然想出了封火的主意"，因为如果这样解释的话，我们还必须用同样的方式追问这个主意又是怎样产生的。）第二天早上被找到的那块仍在燃烧的木炭几乎不可能强化头天夜里的封火行为，但是，头天夜里的行为与第二天早上的行为之间的时间距离，可以用一系列条件强化物来填补。学会从一堆尚未熄灭的火中重新燃起另一堆火，这比较容易。尽管一堆火看起来好像已经熄灭了一段时间，但是，学会拨开灰烬，从中翻寻余火，这应该也不难。于是，一大堆的灰烬就成了条件强化物——它给人们提供了可以从中翻寻并找到余火的机会。这样一来，封火的行为就自动地得到了强化。起初的时间间隔很短——火堆被覆盖上灰烬后，不一会儿就又被翻开——但是，当封火成了一种经常性的实践时，相倚联系的时间方面就发生了改变。

就像所有关于古老行为之起源的解释一样，这里的解释也具有很强的推测性，但它也可以表明一种观点。使人学会封火行为的相倚联系一定极其罕见。我们也必须承认这样一种可能性，即这些相倚联系可能已经存在了几十万年之久。但是，一旦有人学会了封火行为，或者掌握了其中任何一个部分的行为，那么，其他人要想掌握这一行为就容易多了，而且，他们也没有必要再依赖于偶然的相倚联系。

人作为一种社会性动物拥有一种优势，那就是：不需要亲自去发现所有的实践活动。父母可以像师傅教徒弟那样去教自己的孩子，因为他们可以因此而得到一个有用的帮手。但是，在这个过程当中，孩子和徒弟可以习得有用的行为，而这种行为是他们在非社会性相倚联系下不大可能习得的。可以说，没有人仅仅为了到秋天能收获才在春天播种。但是，如果播种和收获之间没有任何关联，那么，播种行为就不具适应性或者"没有道理"。一个人之所以在春天播种，肯定是因为一些更为直接的相倚联系，其中大多数的相倚联系是社会环境安排的。收获的影响作用至多是维持了一系列条件强化物。

一种必须从他人那里获得的重要技能是言语技能。言语行为很可能是在涉及实际社会交往的相倚联系下产生的，但是，作为说话者和倾听者的个体拥有一种范围极广、力量极强的技能，他可以自行使用这种技能。这种技能的一部分与自我认识和自我控制有关。在本书第九章，我们将看到，这种自我认识和自我控制常常被误解为纯属个人和私人的东西，但实际上，它们是社会的产物。

人作为一种社会性动物还有另外一个优势：每一个个体归根结底都是"他人"中的一员，都会实施控制，而且，他们都是为了自己的利益而实施控制的。人们常常会罗列出一些普遍价值来为有组织的机构辩解。比如，一个在政府统治之下的个体往往能享有一定的**秩序**和**安全**。一种经济制度常常会列举它所创造的**财富**来为自己辩解，而教育机构则往往诉诸**技能**和**知识**。

如果没有社会环境，人们就会一直停留在野蛮的状态，就像那些据说由狼群抚养长大的孩子，以及那些在有益的气候条件下很小就能自己照顾自己的孩子。一个人如果出生后就一直独自一人生活，那么，他就不会有言语行为，就意识不到自己是一个人，也就不会拥有自我管理的技术，而且，就他与周围世界的关系而言，他也只能拥有在短暂的一生中通过非社会性相倚联系获得的拙劣技能。在但丁笔下的地狱里，他会受到所有"在生活中既没有受到过责备也没有获得过褒奖"的人都要遭受的特有折磨，这些人就像是"只为自己……的天使"[10]。可以说，只为自己之人将一无所获。

人们常常引用伟大的个人主义者来说明个人自由的价值，而这些伟大人物的成就应归功于早先的社会环境。鲁滨逊·克鲁索的不随意个人主义和亨利·戴维·梭罗的随意个人主义显然都应归因于社会的作用。如果克鲁索小时候就漂流到了那个荒岛上，如果梭罗是在瓦尔登湖畔独自一人长大的，那么，他们的经历将完全不同。我们最初都是孩子，任何程度的自决、自足、自主都无法让我们超出我们只是人类一员的事实。卢梭[11]的伟大原则——"大自然让人快乐、善良，但社会却让人堕落，使人受苦"——是错误的。而且，具有讽刺意味的是，卢梭在抱怨他的著作《爱弥儿》几乎不被人理解时说，《爱弥儿》是一本"关于

第六章 ｜ 价值

人类善良本性的专著，旨在阐明与人类本性没什么关联的邪恶、错误是怎样从外部挤进他的本性，并在不知不觉中使他发生改变的"，因为这本书确实是关于如何改变人类行为的伟大的实用著作之一。

甚至那些杰出的革命者，也几乎全部都是他们所推翻之制度的常规产物。他们所说的语言、所使用的逻辑和科学、所遵守的许多伦理和法律原则、所运用的技能和知识，都是社会给予他们的。他们的行为中也许有一小部分有些异于寻常，也可能存在显著的差异，我们必须从其特殊经历中去寻找其不同寻常的原因。（当然，如果将他们的独特贡献归因于他们作为自主人所具有的能创造奇迹的性格特征，那就等于什么都没有解释。）

因此，除却在他人施加的控制中被用掉的收益，这些便是从那种控制中所得到的部分收益。远期的收益则与任何一种对个人与其社会环境之间的交换的公正或公平与否的评价有关。只要彻底的个人主义或自由主义忽略这些远期收益，或者只要有一种剥削制度猛地一下将这种平衡状态打破，那么，合理的平衡就不可能获得。或许存在一种理想的平衡状态，在这种状态下，每个人都能获得最大程度的强化。不过，说到这一点又会引入另一种价值。即使我们可以把公平或公正还原为对强化物的妥善管理，为什么人人依然都如此关注公正或公平的问题呢？这个问题显然无法简单地通过指出什么是个人利益、什么是他人利益来回答。接下来，我们必须转而探讨另一种价值。

―――

一直以来，自由和尊严之战都被认为是为了捍卫自主人，而不是为了修正人们生活中的强化性相倚联系。有一种行为技术，它能更为成功地减少行为的厌恶性后果（既包括近期的后果，也包括远期的后果），并且使人类能够取得他们能力范围之内的最大成就，但自由的捍卫者反对运用这种技术。他们的反对可能会引发一些有关"价值"的问题。谁来决定什么东西对人类有益？如何运用一种更为有效的技术？这种技术由谁来使用？使用的目的又是什么？实际上，这些问题都是关于强化物的问题。在人类进化史中，有一些东西变成了"有益的"，因此，可以用它们来引导人们"为他人利益"效力。当这些东西使用过量，它们就会受到挑战，而个体可能就会转而追求那些仅对他自己有利的东西。它们所受到的挑战可以用这样的方式来回应：强化那些产生为他人利益效力之行为的相倚联系，或者指出先前被忽略的个人收益，如那些被概念化了的安全、秩序、健康、财富、智慧等。其他人或许也可以间接地将个体置于他自身行为的某些远期结果的控制之下，这样一来，他人利益就会有助于个人利益的获得。还有一种有助于人类进步的利益，留待后面分析。

第七章
一种文化的演进

　　一个孩子生下来就是人类当中的一员，他具有的遗传素质往往会表现出人类特有的许多特征。而且，当作为个体的他置身于各种强化性相倚联系时，他立刻就会开始学习各种行为技能。这些相倚联系大多数是他人安排的。事实上，这些相倚联系就是所谓的文化（culture），尽管这两个术语的定义通常并不相同。例如，有两位著名的人类学家曾说过："文化的基本核心[1]包括传统的（即源于历史且经过精挑细选的）观念，尤其是它们被赋予的价值。"但是，那些观察、研究文化的人通常看不到观念或价值。他们只能看到人们怎样生活，怎样生儿育女，怎样采集或种植粮食，住在什么样的房子里，穿什么样的衣服，玩什么样的游戏，彼此之间的相处方式如何，用什么样的方式管理自己，等等。这些其实是一个民族的习俗，即这个民族的习惯性**行为**。要解释这些行为，我们必须先来看一看产生这些行为的相倚联系。

　　有些相倚联系是自然环境的一部分，但它们通常会和社会性相倚联系一起协同发挥作用，而后者自然很受文化研究者的重视。这些社会性相倚联系（或者说是这些相倚联系所产生的行为）其实是一种文化的"观念"，而在这些相倚联系中出现的强化物就是文化的"价值"。

一个人不仅会受到构成一种文化之相倚联系的影响，而且，他还会帮助维持这些相倚联系的存在。只要这些相倚联系能引导他这么做，这种文化便能使自己永久存在。有效的强化物是可以被观察到的东西，因此不可任意被质疑否定。被一个特定人群称为好的事物是一个事实：由于他们自身的遗传素质，以及他们所受到的自然相倚联系和社会性相倚联系的影响，这群人会觉得这种被他们称为好的事物具有强化作用。每一种文化都有自己的一套好事物，在一种文化中被认为好的事物，到了另一种文化就不一定被认为是好的了。承认这一点，就意味着采取了"文化相对论"的立场。对特罗布里恩人（Trobriand Islander）有益的事物就是对特罗布里恩人有益，仅此而已。人类学家经常强调，应该用这种能容忍不同观点的相对论来替代宗教狂热，因为宗教狂热力图将所有的文化都转化为一套单一的伦理、政府、宗教或经济方面的价值。

　　一套特定的价值体系可以解释为什么一种文化可以发挥作用并且可能长期保持基本不变，但是，没有哪一种文化可以永远保持不变。各种相倚联系必定会发生变化。随着人们搬迁移居，随着气候的变化，随着自然资源的不断消耗、转为其他用途或变得毫无用处，等等，自然环境常常会发生变化。当一个群体的规模或者它与其他群体的联系发生变化，当控制机构变得越来越强大或者控制机构之间相互竞争，当所施加的控制导致了逃跑、反叛等反控制时，社会性相倚联系也会发生改变。一种文化所特有的相倚联系可能不会恰当地传播开来，因此，这种靠一套特定价值体系来强化的倾向就无法得到维持。这样一来，应对紧急情况的安全边界就可能会缩小或扩大。简言之，文化可能会变得更为强大或弱小，而且，我们可以预见它的生存或灭亡。因此，除个人利益和社会利益之外，文化的生存也是一种值得重视的新价值。

一种文化可能会生存下来，也可能灭亡，这一事实表明了一种演进过程。当然，人们常常会指出这种演进过程和物种进化过程的相似之处。这一点需要详细地加以阐述。一种文化对应于一个物种。就像我们通过列举诸多解剖学特征来描述一个物种那样，我们也可以通过列举众多的文化习俗来描述一种文化。两种或两种以上的文化可能具有相同的习俗，就像两个或两个以上的物种可能具有一种相同的解剖学特征一样。一种文化的习俗就像一个物种的特征一样，也是由其成员承载的，这些成员会将这种文化的习俗传递给其他成员。一般而言，承载某一物种特征或文化习俗的个体数量越多，这个物种或这种文化生存下来的概率就越大。

一种文化就像一个物种，也是通过其对环境的适应而被选择出来的：只要一种文化能帮助其成员获得他们所需要的东西并避开危险之物，那么它就能帮助他们生存下来，传递文化。文化演进和物种进化（即人类进化）是两个密切相关的过程。传递文化和传递遗传素质的是同一个种族的人——尽管这两种传递方式有很大不同，且出于不同的生活目的。承受行为改变的能力使得一种文化得以存在，这种能力是在种族进化的过程中获得的。反过来，文化也决定着许多生物特性的传递。例如，许多当前文化使得个体能够生存下来并繁衍后代，要是没有这些文化，他们可能就无法生存。事实上，并非每一种文化习俗或每一个物种特性都具有适应性，因为适应性的习俗和特性中也可能带有非适应性的习俗和特性，而且，适应性差的文化和种族也可能会生存很长时间。

新的文化习俗通常与遗传变异相一致。一种新的文化习俗可能会削弱文化，如导致了不必要的资源消耗，或者损害了其成员

130

的健康，也可能会加强文化，如帮助其成员更有效地利用资源，或者增强了成员的健康。基因结构的改变是一种遗传变异，但它与影响因此而产生之特性的选择性相倚联系没有关联，因此，一种文化习俗的起源也不一定要与其生存价值相联系。一位强而有力的领导者对食物过敏，可能就会导致饮食法的颁布；在性方面有特异反应，可能就会导致某种婚姻习俗的出现；而地形方面的特征则可能会导致某一军事策略的制定——这些习俗行为因一些毫不相干的原因而产生，但可能对文化而言很有价值。当然，有许多文化习俗都可以追溯到一些偶然事件。早期罗马坐落在肥沃的平原地带[2]，经常遭到那些来自周围群山形成之天然堡垒的部落的突然袭击，因此，它颁发了有关财产的法律规定，但在最初的问题解决之后，这些法律规定还一直沿用。埃及人在尼罗河一年一度的洪水之后重建了堤坝，在重建堤坝的过程中发展出了三角学，而三角学被证明很有价值却是因为许多其他的原因。

当涉及传递过程时，生物进化与文化演进这两个过程之间的相似之处便不复存在了。在文化习俗的传递过程中，根本不存在像染色体 - 基因运作机制这样的东西。文化演进就是将习得的习俗传递下去，从这个意义上说，它是拉马克式的进化。举一个大家耳熟能详的例子：长颈鹿并不是为了摘到它用其他方式够不到的食物才伸长颈子，并因此将长长的颈子遗传给后代的。相反，那些因遗传变异而长出了长颈子的长颈鹿由于可以获得更多的食物，所以更可能传递这种遗传变异。但是，当一种文化发展出了一种习俗，并利用这种习俗来获得用其他方式难以获得的食物资源时，它就可能不仅向其新成员传递这种习俗，还会将这种习俗传递给同时代的人或者上一代的幸存者。更为重要的是，一种习俗可以通过"扩散"（diffusion）被传递到其他文

第七章 | 一种文化的演进

化中——这就好比是羚羊在观察到长颈鹿的长颈子的用处之后，也要长出长颈子一样。物种之间因为遗传特性的不可传递性而彼此隔离，但文化之间不存在类似的隔离现象。文化是一套习俗体系，但不是一套不可与其他习俗体系相融合的体系。

我们总是倾向于把一种文化与一个人类群体联系到一起。相比于人们的行为，我们更容易理解人本身；而与产生行为的相倚联系相比，我们则更容易理解行为。（此外，人们所说的语言和文化所使用的物品，如工具、武器、衣物、艺术形式等也比较容易理解，因此常被用来界定一种文化。）只有把一种文化与实践这种文化的人等同起来，我们才能谈论"文化的成员"，因为一个人不可能成为一套强化性相倚联系中的一部分，也不可能成为一套人工制品中的一员（或者就此而言，他也不可能成为"一套观念及其被赋予的价值"中的一部分）。

有一些隔离状态可能会通过限制文化习俗的可传递性，而产生一种界限分明的文化。我们谈到一种"萨摩亚"文化时，便会想到地理上的隔离，而种族的特性可能会妨碍"波利尼西亚"文化与其他文化交流文化习俗。一个居支配地位的控制性机构或一种居支配地位的控制性制度可以把一套文化习俗整合到一起。例如，民主文化就是一种以某些政府实践为标志，并辅以相应的伦理习俗、宗教习俗、经济习俗以及教育习俗的社会环境。基督教、伊斯兰教或佛教文化表明了一种居支配地位的宗教控制，而资本主义或社会主义文化则体现了一套占支配地位的经济习俗，这些文化中的每一种都有可能与其他文化的相应习俗发生关联。一种用政体、宗教制度或经济制度来界定的文化通常并不需要地理或种族上的隔离。

尽管生物进化与文化演进之间的相似性在涉及可传递性时便戛然而止，但文化演进这个概念依然有用。新的习俗出现后，如果它们能对实践这些习俗的人的生存起促进作用，那么，它们将大有被传递开来之势。事实上，相比于一个物种的进化过程，我们可以更为清晰地追溯一种文化的演进过程，因为文化演进过程的基本条件可以被观察到（而不是靠猜想推断得知），而且通常情况下我们还可以直接地加以操控。不过，正如我们已经看到的那样，人们才刚刚开始理解环境的作用，而作为一种文化的社会环境也常常难以分辨。环境始终处于变化之中，它没有实体，很容易与维持环境并受环境影响的人混为一谈。

由于人们常常将一种文化等同于实践该文化的人，所谓的"社会达尔文主义[3]学说"便利用进化的原则来证明不同文化之间的竞争是合理的。该学说主张，政府与政府、宗教与宗教、经济制度与经济制度、种族与种族、阶级与阶级之间的战争是合理的，因为适者生存是一条自然法则——而自然就是"弱肉强食"。如果人类是一切物种中的主导物种，那么，我们为什么不可以期望人类的某个亚群或者某个种族成为主导人种呢？如果文化的演进过程与此类似，那么，我们为什么不可以期望某种文化成为主导文化呢？诚然，人们确实会相互残杀，而且其原因往往是那些界定文化的习俗。政府之间或者政体之间常常相互竞争，它们主要的竞争手段通过军事预算表现出来。宗教制度和经济制度也常常诉诸军事手段。纳粹的"解决犹太人问题"就是一种殊死的竞争性斗争。在这种类型的竞争中，强者似乎会生存下来。但是，没有哪个人可以长期生存下去，任何一个政府机构、宗教机构或经济机构也都不可能长期存在。在这个过程中，不断**演进**的只有习俗。

无论是在生物进化的过程中还是在文化演进的过程中,与其他物种或文化的竞争都不是唯一重要的选择条件。物种和文化首先要面对的都是与自然环境的"竞争"。一个物种在解剖学和生理学方面的大多数特征与呼吸、进食、适宜温度、克服危险、对抗感染、繁衍后代等有关。只有一小部分解剖学和生理学方面的特征涉及与同一物种的其他成员或其他物种的竞争,由于它们在竞争中取得了胜利,所以被遗传了下来。同样,构成一种文化的大多数习俗也与食物和安全有关,而不涉及与其他文化的竞争。这些习俗往往通过生存性相倚联系被选择出来,而在这些相倚联系中,成功竞争所起的作用较小。

文化不是一种富有创造性的"集体心理"的产物,也不是一种"普遍意志"的表达。没有哪个社会开始于一份社会契约,没有哪种经济制度起源于易货贸易或工资的概念,也没有哪种家庭结构发端于对男女同居之优越性的洞察。当新的习俗有助于那些践行之人的生存时,文化就向前发展了一步。

当人们清楚地认识到,一种文化既可能生存下来,也可能会消亡后,该文化的一些成员便可能会开始采取行动,以促进其生存。正如我们已经看到的那样,有两种价值可能会对那些利用行为技术的人产生影响:一种是个人的"利益",它们因为人的遗传素质而具有强化作用;另一种是"他人的利益",它们从个人强化物派生而来。除了这两种以外,我们还必须加上第三种价值,即文化的利益。但是,它为什么能起作用呢?为什么20世纪后30年的人要关心21世纪后30年的人看起来怎样,他们将受到怎样的统治,他们为什么要高效地工作,他们将知道些什么，他们的图书、绘画、音乐将会是什么样子的？当前的任何强化物都不可能从如此遥远的事物派生而来。那么，一个人为什么还会把自己文化的生存看作一件"好的"事情呢？

当然，说一个人之所以采取行动"是因为他关心自己文化的生存"，是毫无意义的。我们对任何制度的看法感受，都取决于这种制度所采用的强化物。一个人对政府的感受可能从最狂热的爱国主义到冷漠麻木不一而足，这取决于政府所采取之控制性实践的性质。一个人对一种经济制度的感受可能从热情支持到痛恨憎恶不等，这取决于该制度使用正强化物和负强化物的方式。而一个人对自己文化之生存的感受，则取决于该文化采用什么样的手段来诱使其成员为其生存而效力。这些手段可以说明个体支持其文化生存的原因，而他的感受只不过是副产品。同样，说某个人突然萌生出了要为文化之生存而努力的念头，然后将这种念头传递给了其他人，也没有任何帮助。"念头"至少和那些表达此念头的习俗一样难以解释，而且它远比后者更加难以理解。但是，我们要怎样来解释这些习俗呢？

一个人所做的许多事情促进了文化的生存，但他这样做不是"有意的"——他之所以这样做，并不是**因为**这样做能增加生存的价值。如果承载一种文化的人能够生存下来，那么，这种文化就能生存，这在某种程度上取决于某些遗传而来的对强化作用的感受性。正是因为这种感受性，那些有助于人在某一特定环境中生存的行为才得以形成并维持下来。那些诱使个体为他人利益效力的习俗很可能有助于他人的生存，从而有助于他人所承载之文化的生存。

许多制度可能从那些在一个人死后才会发生的事件中获得有效的强化物。它们调节着安全、公正、秩序、知识、财富、健

第七章 | 一种文化的演进

康等，而个体只能享受其中的一部分。在一个五年计划或紧缩开支方案中，人们被诱导着要努力工作，要放弃某些强化物，而对他们这些付出的回报是承诺他们在将来可以获得一些强化物，但是，他们当中有许多人可能活不到享受这些延迟性结果的那一天。（卢梭在谈论教育时曾指出：在他那个时代，屈从于惩罚性教育实践的孩子中有一半活不到享受应得利益的那一天。）英雄活着时被授予的荣誉在他死后依然会被人纪念。积聚起来的财富比积聚者的生命存在得更为长久，积累起来的知识也是如此。有钱人常常用他们的名字设立基金会，科学、学术等领域都有它们各自的英雄。基督教关于来生的概念可能产生于对那些活着时为他们所信奉的宗教受尽苦难的人的社会性强化作用。天堂被描绘成各种正强化物的聚集地，而地狱则是各种负强化物的纳垢所，尽管这要依据**死前**的行为而定。（一个人的来生或许是关于生存价值这个进化概念的隐喻说法。）当然，个体并不会直接受到这些东西的影响。他只能从自己文化中的其他成员所使用的条件强化物那里获益，这些成员比他活得长久，直接受到了这些东西的影响。

所有这些都不能解释我们所说的对文化生存的纯粹关心，不过，我们也并不是真的需要一种解释。就像我们并不需要先解释一种遗传变异的起源，才能说明其在自然选择中的作用一样，我们在说明文化习俗对文化生存的作用时，也不需要先解释它的起源。事实很简单，那就是：一种文化不管**出于什么样的理由**诱使其成员为它的生存，或者为它的部分习俗的生存而努力，只要它这样做，它便更有可能生存下来。生存是我们最终评价一种文化的唯一价值，从定义上看，任何能促进生存的习俗都具有生存价值。

如果这种说法——任何文化不管以什么样的理由诱使其成员为它的生存而努力，它都会因此而更有可能生存下来，并使得这种习俗永远持续下去——不太令人满意，那么，我们必须记住，对此几乎没有什么可以解释的。文化很少产生一种对其生存的纯粹关心——纯粹关心是一种与侵略陷阱、种族特征、地理位置或文化所认同的制度化习俗完全无关的关心。

当他人的利益，尤其是有组织的他人的利益受到挑战时，仅仅指出延迟的收益是不容易应对的。因此，当一个政府所管辖的市民拒绝纳税、拒绝服兵役、拒绝参加选举等，这个政府就会受到挑战。而且，它可能会采取加强相倚联系，或者指明正在讨论的行为将获得延迟性收益的方式，来应对这种挑战。但是，对于下面这样一个问题，它该怎样来回答："我为什么应该关心我们的政府或政体在我死后是否能长存呢？"同样，当某一种宗教的信徒拒绝去教堂、拒绝给予支持、拒绝参加为其利益服务的政治活动等时，这个宗教组织就会受到挑战，而且，它可能会采取加强相倚联系，或者指明延迟性收益的方式来应对这种挑战。但是，它该怎样回答这样一个问题："我为什么应该为这种宗教的长期存在而努力呢？"当人们消极怠工时，一种经济制度就会受到挑战，而且，它可能会采取加强相倚联系，或者指明延迟性收益的方式来应对这种挑战。但是，它该怎样回答这样一个问题："我为什么应该关心某一种特定的经济制度的生存呢？"对于这种类型的问题，唯一诚实的回答似乎是这样的："没有什么好的理由可以说明你为什么应该关心，但是，如果你的文化没能让你坚信确有理由这样做，那么，你的文化就太糟糕了。"

要解释任何为了全人类而加强某一种文化的行动就更难了。无论是罗马帝国统治下的和平还是美式和平（一个民主安全的世界），无论是国际共产主义还是"天主"教会，它们都有一些强大机构的支持，但是，一种"纯粹的"世界文化是得不到这种支持的。它不可能从宗教机构与宗教机构、政府机构与政府机构、经济机构与经济机构之间的成功竞争中发展出来。不过，我们可以列举出许多理由来说明为什么人们现在应该关心全人类的利益。当今世界的重大问题都是全球性的。人口过剩、资源耗竭、环境污染以及可能发生的核浩劫——所有这些都是当前行为在不远的将来会产生的结果。但是，光指出这些结果还不够。我们还必须安排一些相倚联系，使这些结果产生影响。世界文化怎样才能让这些可能发生的恐怖事件对其成员的行为产生影响呢？

当然，即使只有一种文化，文化演进的过程也不会结束，就像即使只有一个主要物种——很可能是人类——生物进化的过程也不会终止一样。在演进过程中，一些重要的选择条件会发生变化，还有一些选择条件会被淘汰。但是，变异依然会出现，并经历被选择的过程，而新的习俗会继续不断地发展出来。因此，谈论**一种**文化是毫无道理的。很明显，我们在此仅探讨习俗，就像在涉及某单一物种时我们只探讨其生物特性一样。

一种文化的演进往往会引发一些有关所谓"价值"的问题，而这些问题至今尚未得到充分的回答。文化的演进是"进步"吗？它的目标是什么？它的目标是产生一种与那些诱使个体为其文化之生存而努力的结果（既包括真实的结果，也包括虚幻的结果）完全不同的结果吗？

如果对文化演进进行一种结构分析，则似乎可以避免这些问题。如果我们只局限于人们的所作所为，那么，一种文化的演进似乎就仅意味着经历一系列的阶段。一种文化虽然可能会跳过某个阶段，但还是可以显示出某种独特的演进顺序。一直以来，结构主义者都试图解释在序列模式中为什么这个阶段在前、那个阶段在后。从技术上讲，他们试图解释一种因变量，但却没有将它与任何的自变量相关联。不过，演进从时间上讲迟早会发生这一事实表明，时间可能是一个有用的自变量。就像莱斯利·怀特[4]所指出的："我们可以把进化定义为由各种不同形式组成的时间序列：一种形式从另一种形式发展而来；文化从一个阶段发展到另一个阶段。在这个过程中，时间和形式的变化一样，都是必不可少的因素。"

人们常常把时间上的定向变化说成"发展"。地质学家追溯的是地球在不同年代的发展，古生物学家追溯的是物种的发展。心理学家追溯的是诸如性心理调节之类东西的发展。而从材料的使用（从石器、铜器到铁器）、获得食物的方法（从采集、捕猎、捕鱼到耕种）以及经济权力的利用（从封建主义、商业主义、工业主义到社会主义）等方面，我们则可以追溯一种文化的发展。

这类事实都很有用，但变化之所以产生，并不是因为时间的流逝，而是因为在时间流逝的过程中所发生的事情。地质学上的白垩纪之所以出现在地球发展的某一个特定阶段，并不是因为某种预先决定的固定顺序，而是因为地球在这之前的状况导致了某些变化。马蹄之所以出现，并不是因为时间的流逝，而是因为有些遗传变异有利于马匹在其生活环境中的生存，从而被选择出来。一个孩子的词汇量或者他所使用的语法形式并非生理年龄的函数，而是他所生活的社区中普遍存在的言语相倚联系的函数。一个孩子之所以在某个特定年龄会发展出"惯性概念"，只是因为强化的社会性和非社会性相倚联系，这些相倚联系产生了据说能表明他拥有这个概念的行为。相倚联系以及它们所产生的行为都获得了同样的"发展"。如果发展阶段以固定的顺序一个接着一个而来,那是因为一个阶段为下一个阶段的发展创造了条件。一个孩子必须先学会走,然后才能跑或者跳;他必须先掌握基本的词汇,然后才能"把词语组合成符合语法规则的句子";他必须先学会简单的行为,然后才能习得据说能表明他拥有"复杂概念"的行为。

在一种文化的发展过程中,同样的问题也会出现。采集食物的习俗之所以自然而然地出现在农业之前,并不是因为某种基本的模式,而是因为在能够获得农业习俗之前,人们必须以某种方式维持生存(例如,靠采集食物)。卡尔·马克思的历史决定论中的必然顺序,存在于相倚联系中。阶级斗争是一种粗暴的方式,代表的是人们彼此之间相互控制的方式。商人力量的崛起、封建主义的衰落以及后来工业时代的出现(随后出现的很可能是社会主义或者是一个福利国家),在很大程度上都取决于经济方面的强化性相倚联系的变化。

一种纯粹的发展主义满足于结构上连续变化的模式,往往会错失根据遗传史和环境史来解释行为的机会。它还会错失改变一个接一个阶段的更替顺序以及各阶段更替速度的机会。在一个标准的环境中,一个孩子可能会以标准的顺序习得各种概念,但是,决定这种顺序的却是有可能发生变化的相倚联系。同样,一种文化可能会随着相倚联系的发展而发展,从而经历一系列的发展阶段,但是,我们可以设计出一种不同的相倚联系的发展顺序。我们无法改变地球的年龄或者孩子的年龄,但就孩子而论,我们并不需要等待时间的流逝才能改变时间上早晚要发生的事情。

当我们将定向变化看作**生长**时，发展的概念便会与所谓的"价值"混淆在一起。一个苹果的成长往往要经历一系列阶段，其中有一个是最佳阶段。我们通常不要尚未成熟的青苹果和熟过头的烂苹果。只有成熟的苹果才是好的苹果。以此类推，我们也只会谈及成熟的人和成熟的文化。农民在田间辛苦劳作，是为了让庄稼顺利成熟，而父母、老师、治疗师不断努力，是为了造就出成熟的人。人们通常很重视成熟方向上的变化，将其看成一种"生成"（becoming）。如果变化中断，我们就会说发展受到了阻碍，或者说发展停滞了，并试图加以矫正。如果变化速度缓慢，我们就会说发展迟滞了，并设法加快发展的速度。但是，一旦达到成熟阶段，这些备受人们珍视的价值便会变得毫无意义（或者变得更为糟糕）。没有人会急于"变"老，成熟的人乐意让自己的发展受阻或停滞，从那时起，他就不在意自己是否是一个落后者了。

假定所有变化或发展都是生长，其实是一种错误。地球表面的当前状况尚未成熟，或者还处于很不成熟的阶段。据我们所知，马也尚未达到其进化发展过程中某个最终且可能是最为理想的阶段。如果一个孩子的语言发展看起来就像胚胎发育一样[5]，那仅仅是因为环境中的相倚联系被忽略了。生活在荒山野地的孩子之所以不会讲话[6]，并不是因为他的离群索居干扰到了某个生长过程，而是因为他没有接触过任何言语环境。"成熟"意味着不可能再进一步生长，成熟的东西必定会走向衰亡，从这个意义上说，我们没有任何理由把某一种文化视为成熟的文化。我们说某些文化尚未充分发展或不成熟，那是相对于我们所说的其他"先进"文化而言的。但是，如果有人说有哪种政府、宗教或经济制度是成熟的制度，那么，这实际上是一种低级的沙文主义。

在思考个人的发展或文化的演进时,我们之所以反对生长这个比喻,主要是因为它强调一种不具任何功能的终极状态。我们通常说,一个有机体**朝着**成熟的方向生长,或者**为了达到成熟状态**而生长。这样一来,成熟就成了一个目标,而发展则是朝向这个目标运动。从字面上看,目标是一个终点——如竞走比赛的终点。终点促成比赛结束,除此之外,它对比赛没有任何影响。当我们说生命的目标是死亡,或者进化的目标是让地球充满生命时,我们是在相对空洞的意义上使用"目标"这个词的。死亡毫无疑问是生命的终点,一个充满生命的世界也可能是进化的终点,但是,这些终极状态丝毫不影响它们所经历的过程。我们活着并不是**为了**死,进化也不是**为了**让地球充满生命。

到达竞赛终点这个目标很容易与获得比赛胜利相混淆,因此也很容易与参赛的理由或参赛者的目的相混淆。早期一些研究学习的学者在研究时使用了迷津及其他装置。在这些装置中,目标就是某种行为强化物的位置,而这种强化物又是行为的结果,有机体会**朝着**目标前进。不过,其间最重要的关系是时间上的关系,而非空间关系。强化**紧随**行为之后出现,行为通常不会追赶或超过强化物。我们在解释一个物种的发展或者该物种成员之行为的发展时,常常会指出生存性相倚联系和强化性相倚联系的选择活动。当物种及物种成员的行为对周围世界产生了影响,从而得以塑造并维持下来时,该物种及物种成员的行为就获得了发展。这就是未来(the future)的唯一作用。

但这并不意味着进化没有方向。人们已经做出了很多努力,试图把进化描述成某种定向变化——例如,结构日益复杂化,对刺激的敏感性日益增强，或者能够越来越有效地利用能量，等等。还有另外一种重要的可能性：**物种进化和文化演进都会使有机体对其行为的结果更为敏感**。极易被某些结果改变的有机体很可能具有一种优势，文化却往往将个体置于远期结果的控制之下，而这些远期结果在物种自然进化的过程中不起任何作用。当一个人为了他人的利益而受到控制时，起作用的通常是远期的个人利益，而诱使个人为其生存而努力的文化，则利用了一种甚至更为遥远的结果。

文化设计者的任务是加速发展那些能使远期行为结果发挥作用的习俗。现在，我们来探讨一下文化设计者所面临的一些问题。

社会环境就是人们所说的文化。它塑造并维持着那些生活在这种环境之中的人的行为。一种特定的文化会随着新习俗的出现而不断演进，而新习俗的出现可能是因为一些不相干的原因。在文化与自然环境以及其他文化的"竞争"中，这些习俗因其对该文化之力量的贡献而被选择出来。文化演进的重要一步是习俗的出现，这些习俗往往能诱使其成员为了文化的生存而努力。这样的习俗不能追溯到个人的利益，甚至当为了他人利益而利用这些习俗时也是如此，因为一种文化的生存超出了个体的生命期限，它不能成为条件强化物的根源。其他人可能会比他们诱使来为其利益效力的那个人活得更长，而我们所讨论的这种文化的生存常常被等同于这些他人或他人的组织，但是，一种文化的演进会带来另外一种利益或价值。一种文化，不管**出于什么样的原因**，只要能诱使其成员为其生存而努力，就更有可能生存下来。这是一

个文化利益的问题,而非个体利益问题。明晰的设计能加速文化演进的过程,从而促进那种利益。由于行为科学和行为技术有利于更好地进行设计,它们是文化演进过程中的重要"变异"。如果文化演进过程中存在任何目的或方向的话,那也只是让人们越来越多地受到其自身行为之结果的控制。

第八章
一种文化的设计

145　　许多人都参与了文化习俗的设计与再设计过程。他们会改变平常所使用的东西,以及使用的方式。他们发明更好的捕鼠器和计算机,发现更好的方法来养育孩子、支付工资、收缴税金、帮助遇到了难题的人。我们不需要花大量的时间在"better"(更好的)这个词上,它只不过是"good"(好的)这个词的比较级,而好的东西通常都是强化物。人们之所以说一台照相机比另一台更好,是因为它的使用情况更好。厂商常常通过保证其操作方式将令人满意,并引用其使用者所说的有关其操作情况的赞誉之词等,来引诱潜在买家"重视"他的照相机。当然,我们很难说一种文化比另一种好,其原因有一部分在于需要考虑的结果要多很多。

　　没有人知道养育孩子、支付工人工资、维护法律和秩序、教授学生或让人们变得富有创造性的**最佳**方式是什么,但我们可以提出比当前所使用的更好的方式,并通过预测以及最终证明它们会带来更多强化性结果,从而支持这些方式。在过去,人们都是在个人经验和民间智慧的帮助之下进行预测和证明的,但有一种
146　对人类行为的科学分析显然与此相关。它能在以下两个方面提供帮助:确定要做的事情是什么,并提出做这件事情的方式。近期一份新闻周刊上有关"美国怎么了"的讨论,表明非常需要这样

第八章 | 一种文化的设计

一种科学的分析。在这份新闻周刊上，美国的问题被描述为"年轻人不安的心理状态""精神的衰退""心理的低迷""精神的危机"，而这些问题归根结底是因为"焦虑""不确定""萎靡不振""自我疏外""普遍存在的绝望感"以及其他一些心境与心理状态，所有这些以一种熟悉的内在模式发生相互作用（例如，有人说，缺乏社会保障会导致自我疏外，而挫折会导致攻击性）。大多数读者很可能知道作者要表达的是什么意思，并且可能会觉得他说的是一些有用的东西，但这段话——它并不是例外——有两个特有的缺陷。这两个缺陷解释了为什么我们无法恰当地处理文化问题：事实上没有描述出引起麻烦的行为，而且，无力改变上面所描述的状况。

试想一下，有一个年轻人，他的世界突然发生了变化。比如说，他刚刚大学毕业，正准备上班，或者服兵役。在新的环境中，他至此所习得的大多数行为被证明毫无用处。对于他所表现出来的行为，用另一种方式可以这样描述：他缺乏信心、没有安全感，或者说没有自信（**他的行为表现很软弱，且不合时宜**）；他感到不满意或者灰心丧气（**他很少得到强化，因此，他的行为不断消退**）；他感觉很挫败（**消退还伴随着情绪反应**）；他感到很不安或焦虑（**他的行为常常不可避免地导致令人厌恶的后果，而这些后果又会对情绪产生影响**）；他什么都不想做，或者什么都做不好，他不觉得自己技艺精湛，不觉得自己正过着一种有意义的生活，也没有成就感（**他很少因为做了什么事情而获得强化**）；他感到很内疚或羞愧（**他以前曾因为懒惰或失败而受到过惩罚，此时，过去的事件引发了他的情绪反应**）；他对自己很失望，或者很讨厌自己（**他再也没有因为他人的赞美而受到过强化，随之产生的消退则对情绪产生了影响**）；他开始有了疑病症（**他推断自己生

147

>> 133

病了）或神经症（**他开始采用一些无效的逃避模式**）的表现；接着，他体验到了一种同一性危机（**他不认得那个曾被他称为"我"的那个人了**）。

在上一段文字里，括号中的解释过于简练，可能不一定精确，但它们表明了一种可以用不同方式进行表述的可能性，仅仅这种可能性本身就表明这并非多此一举。对这个年轻人自身来说，重要的无疑是他身体的各种状态。它们是显著的刺激，而他已学会根据传统的方式，用它们来解释他对自己及他人做出的行为。他所告诉我们的他感受，或许给了我们一些提示，让我们可以推测相倚联系出了什么问题，但如果我们想要弄清楚的话，就必须直击这些相倚联系，**如果想要改变他的行为，就必须改变这些相倚联系**。[1]

在有关人类行为的讨论中，感受和心理状态之所以至今依然占据主导地位，原因有很多。首先，长期以来，它们模糊了那些可以取代它们的不同选择。如果在解读行为时，不加入人们认为该行为所要表达的许多东西，那么，我们很难理解行为。环境的选择性作用由于其性质上的原因至今依然模糊不清。要发现强化性相倚联系，我们需要的是一项实验分析，还有一些相倚联系是很难通过随意观察得到的。这一点很容易证明。一个操作实验室中安排的相倚联系通常相当复杂，但它们一般来说还是要比世界上的许多相倚联系简单一些。[2] 但是，一个不熟悉实验室实践的人将会发现，他很难理解实验空间中所发生的一切。他通常在存在各种不断变化的刺激物的情况下，采取一些简单的方式来理解有机体的行为。而且，他或许可以看到一个相倚的强化性事件——例如，有机体所吃的食物的出现。这些事实都很明确，但仅凭随意观察，这些相倚联系却很少能够被揭示出来。我们的观察者将无法解释为什么有机体会表现出这样的行为。而如果他无法理解在一个简化的实验室环境中所看到的一切,那么,我们又怎么能期望他能理解日常生活中所发生的事情呢?

当然,实验者拥有其他一些信息。他知道一些有关被试之遗传素质的信息,至少他研究过同一类型的其他被试。他知道被试过去的一些经历——有机体曾遭遇过的一些早期相倚联系、其剥夺程式等。但我们的观察者不会因为缺乏这些额外的事实信息而失败。他之所以会失败,是因为他无法理解在他眼前所发生的一切。在一项关于操作性行为的实验中,当一个行为发生概率的重要数据发生了改变时,通常被观察到的是发生比率的改变,但追踪发生比率的变化却很难(如果不是不可能的话)通过随意观察来实现。我们没有精良的装备,无法观察到相当长的时期内所发生的变化。而实验者在他的记录中就可以看到这样的变化。那些看起来很像偶然发生的反应,或许可以被证明是某个有序过程的一个阶段。实验者还了解普遍的相倚联系(事实上,是他建造的实验装置得出了这些相倚联系)。如果我们的随意观察者花足够的时间,他或许可以发现其中的一些相倚联系。但只有当他知道自己要观察什么的时候,他才会愿意这么做。在这些相倚联系在实验室中被设置出来,且其效果被研究之前,几乎没有人愿意花费精力在日常生活中寻找这些相倚联系。正如我们在第一章中所指出的,正是从这个意义上讲,实验分析才有可能对人类行为做出有效的解释。它使得我们可以忽略无关的细节(不管这些细节是多么引人注目),并提出那些在没有分析的帮助之下可能会被斥为无关紧要的特征。

(有些读者可能一直以来都倾向于将频繁讲到的强化性相倚联系视为一种新形式的专业术语,从而不予以重视,但它绝不仅仅是新壶装旧酒。相倚联系无所不在。它们涵盖了关于意图和目的的经典领域，但却是一种有用得多的方式，而且，它们提供了对所谓的"心理过程"的不同阐释。其中有许多细节之处以前从来都没有人讨论过，而且也没有传统的术语可以被用来讨论它们。毫无疑问，这个概念的全部意义至今依然远远没有得到恰当的认可。）

在解释之外，还有实践行动。相倚联系是可以理解的，当我们逐渐理解行为与环境之间的关系时，我们便能发现新的方法来改变行为。我们已经明显地看到一种技术的轮廓。我们可以将这种技术的任务表述为：引出行为或矫正行为，然后安排相关的相倚联系。可能需要一系列程序化的相倚联系。在可以相当容易地明确指出行为的领域，以及可以建构恰当的相倚联系的领域——例如，在儿童保健、学校，以及智障者和精神病患者收容管理等领域，这种技术取得了最大的成功。不过，在所有教育水平的教学材料准备、超出简单管理的心理治疗、康复、工业管理、城市规划，以及关于人类行为的许多其他领域中，采用的也是同样的原则。"行为矫正"（behavior modification）有许多不同的类型，且有许多不同的构想，但它们都认同这样一个基本的观点：通过改变行为发挥作用的条件，便可以改变行为。[3]

这样一种技术从伦理上说是中立的。恶棍或圣徒都可以使用这种技术。在一种方法中，没有什么东西可以决定控制其使用情况的价值。不过，在这里，我们关注的不仅仅是习俗，我们也关注一种完整文化的设计，因此，幸存下来的文化通常具有一种特殊的价值。有人可能主要是为了避免让孩子出现不好的行为表现，从而设计出一种更好的方法来养育孩子。例如，他可以通过成为一个厉行严格纪律的人,来解决问题。或者,他的新方法可以从整体上促进幼儿或父母的良好行为表现。这可能需要时间和努力,还可能牺牲一些个人的强化物。但如果有足够充分的诱因,诱使他为了他人的利益而工作,那么,他将会提出并使用这种方法。例如,如果他在看到其他人都过得很快乐时受到了有力的强化,那么,他将设计出一种环境,让孩子们在其中快乐地生活。不过,如果他的文化诱使他对这种文化的生存产生了兴趣,那么,他可能就会研究人们之前的经历对文化做出了怎样的贡献,而且,他还可能会设计出一种更好的方法来增加那种贡献。那些采用此种方法的人可能会失去某些个人的强化物。

在其他文化习俗的设计中,我们也可以看到这三种相同的价值观。任课教师可能会设计出新的教学方法,使自己生活得更从容自在,或者使他的学生感到满意(这些学生进而会使他得到强化),或者使他的学生有可能为他们的文化做出尽可能多的贡献。工业家可能会设计出一种工资制度,使其自身的利益最大化,或者是为了满足其雇员的利益,或者是为了最为有效地生产出一种文化所需要的商品,同时使消耗的资源最小化,使污染也保持在最低限度。一个执政党可能会颁布法案,主要是为了维持其权力,或者是为了强化它所统治的那些人(这些人反过来会维护该政党的权力),或者是为了提升国家实力,比如,实施一个财政紧缩方案,这个方案可能会使该政党丧失权力和支持。

在一种完整文化的设计中,我们也可以看到这三个相同的层面。如果设计者是一位个人主义者,那么,他将设计出这样一个世界:在这个世界上,他将受到最低限度的让其感到厌恶的控制,而且,他还将自身的利益视为最终的价值。如果他身处适宜的社会环境之中,那么,他将会为他人的利益而设计,当然很可能会以失去个人的一些利益为代价。而如果他关注的主要是生存价值，那么，他在设计一种文化时将主要着眼于它是否行得通。

当一种文化诱使其部分成员为其生存而努力时，这些人该怎么做呢？他们需要预见这种文化将遇到的一些困难。这些困难通常会在很久以后才出现，而且，细节之处往往也不清楚。天启论有很长的历史，但直到最近，才有很多人开始关注对未来的预测。对于完全无法预测的困难，真的没有什么办法，但我们可以通过推断当前的趋势来预见将会遇到的一些麻烦。只要观察到地球上人口的数量稳步增长、核储备的规模和位置不断扩大，或者环境污染日渐严重、自然资源不断耗减，可能就足够了。这样，我们便可以改变习俗，诱使人们分别少生孩子、在核武器上少点投入、不再污染环境，以及放慢消耗资源的速度。

我们不需要预测未来，以弄清一种文化的优势在多大程度上取决于其成员的行为。一种能维持社会秩序并能保护自身免受攻击的文化，通常能使其成员免受某些特定的威胁，且很可能可以为其成员提供更多的时间和能量做其他的事情（尤其在秩序与安全不是通过武力的形式来维持的情况下，更是如此）。一种文化的生存通常需要各种不同的商品，其优势必定在某种程度上取决于经济方面的相倚联系（这些相倚联系维持了富有进取心和创造力的劳动）、生产工具的可获得性，以及资源的发展与保存。如果一种文化能够诱使其成员维持一种安全健康的环境，提供医疗保健，保持一种与其资源和空间相适宜的人口密度，那么，这种文化想来要更为强大一些。一种文化必定会代代相传，那么，它的优势将很可能取决于其新成员学到了什么、学习了多少（他们要么是通过一些非正式的教育相倚联系学习，要么是在一些教育机构中学习）。一种文化通常需要其成员的支持，如果它想防止不满或背叛，那它必须提供追求和获得幸福的机会。一种文化必须相当稳定，但它同时又必须变化。如果一种文化一方面能够避免过于尊重传统和害怕新奇事物，另一方面又能够避免过于快速的变化，那它可能就是最为强大的。最后，如果一种文化想鼓励其成员审核其习俗，并用新的文化习俗来进行试验的话，那它将拥有一种特殊的方法，可以用来测量生存价值。

一种文化与分析行为时所使用的实验空间非常相似。二者都是一系列的强化性相倚联系。一个幼儿出生在一种文化中，就好像一个有机体被置于一个实验空间里。设计一种文化就像是设计一个实验：安排相倚联系，然后记录其效果。在一项实验中，我们感兴趣的是所发生的事情；而在设计一种文化时，我们感兴趣的则是它是否行得通。这就是科学与技术之间的差别。

在乌托邦作品中，我们可以找到一堆文化设计。[4] 作者们描述了他们对美好生活的看法，并提出了实现这些美好生活的方法。柏拉图在《理想国》中选择了一种政治的解决方案，圣奥古斯丁在《上帝之城》里选择了一种宗教的解决办法。托马斯·莫尔、弗朗西斯·培根二人都是律师，他们求助于法律和制度的解决方式，而18世纪的卢梭主义空想家则诉诸人应该具有的自然的善。到了19世纪，寻求的是经济的解决方式。20世纪则兴起了所谓的行为乌托邦[5]，此时，很多人开始对大量的社会性相倚联系展开了全方位的讨论（这些讨论通常具有讽刺的意味）。

乌托邦作品的作者们一直以来都费尽心力地想要简化他们的工作。一个乌托邦的社区通常由数量相对较少的人组成，他们一起生活在同一个地方，彼此之间的接触也很稳定。他们可以实践一种非正式的伦理控制，并将有组织机构的作用减到最低限度。

154 他们可以相互学习，而不是向被称为"老师"的专家们学习。他们可以通过谴责（censure）来防止有人对其他人表现出不好的行为，而不是通过一个司法体系的专门惩罚措施。他们可以生产和交换商品，而不需要用钱来明确标出这些商品的价值。他们可以帮助那些患病、体弱、心理异常或年老的人，使其在最低限度上接受福利机构的照顾。通过地理上的隔离（乌托邦通常坐落在岛上，或者被高山环绕在中间），他们避免了与其他文化的麻烦的接触。而且，某种与过去的正式决裂，例如重生的仪式（乌托邦通常存在于遥远的未来，因此，必需的文化发展貌似合理），可以促进它向一种新的文化过渡。一个乌托邦是一个完整的社会环境，它的所有部分在一起发挥作用。家庭与学校、街道不会发生冲突，宗教也不会与政府等相冲突。

不过，乌托邦设计最为重要的特征很可能在于：一个社区的生存对于其成员来说可能非常重要。小规模、处于隔离状态、内在的一致性——所有这些赋予了这个社区一种同一性，这种同一性会使得其成功或失败变得非常显眼。在所有的乌托邦中，都有一个根本的问题，那就是："它真的可行吗？"乌托邦作品之所以值得考虑，仅仅是因为它强调实验。一种传统的文化通常经过审核，被发现还有待改进之处，于是，一种新的版本就出现了，并随情境需要被加以检验和重新设计。

155 乌托邦作品中表现出来的简单化（这只不过是科学的简单化特征），一般来说，在这个世界上是不太可行的，而且，还有其他很多原因可以说明为什么很难将一个明确的设计付诸实施。大量流动人口之所以不受非正式的社会或伦理的控制，是因为像表扬和责备这样的社会性强化物不能转化为作为其基础的个人强化物。为什么人们应该因为某个他再也不会见到的人的表扬或责备

第八章 | 一种文化的设计

而受到影响呢？伦理控制或许在小群体中可以存在，但要想控制整个人口，则必须要委托专家——警察、牧师、物主、教师、治疗师等等，用他们专业化的强化物，以及他们整理出来的相倚联系来控制。这些相倚联系彼此之间可能已经出现了冲突，而且将几乎肯定会与任何一个新系列的相倚联系发生冲突。例如，在任何一个不是太难以改变非正规教学的地方，改变一个教育机构都几乎是不可能的。随着文化意义的改变，改变结婚、离婚和育儿习俗都是相当容易的事情，但改变支配这些习俗的宗教原则，则几乎是不可能的。改变各种行为被接受为恰当行为的程度很容易，但要改变一个政府的法律则非常困难。商品的强化价值往往比经济机构所设定的价值要灵活一些。权威（authority）这个词比它所讲述的事实要立场更为坚定一些。

就现实世界而言，我们并不奇怪，乌托邦这个词的意思是"不可行的"（unworkable）。历史似乎证明了这一点。各种乌托邦设计已经被提出了将近 2 500 年的时间，而大多数想要建立这些乌托邦的尝试极不光彩地失败了。但历史证据总是反对出现任何新东西的可能性，这就是历史的含义所在。科学发现和发明通常不大可能发生，这就是发现和发明的含义所在。而如果计划经济、慈善的独裁、完美的社会，以及其他乌托邦的冒险失败了，我们必须记住，无计划、不独裁、不完美的文化也就失败了。失败并不总是错误，它或许只是一个人在当时的情形之下所能做出的最好选择。其实真正的错误是停止尝试。我们现在很可能无法设计出一种完整的成功文化，但我们可以以零星的方式设计出更好的习俗。这个世界上的行为过程一般来说都与乌托邦社区中的行为过程是一样的，而习俗也会因为同样的原因，导致同样的结果。

在强调用强化性相倚联系代替心理状态或感受时，我们也发现了同样的优势。例如，这无疑是一个严重的问题，即学生们再也不用传统的方式对教育环境做出反应。他们会退学，很可能是长时间退学。他们只上那些自己喜欢的课程，或者似乎与其问题有相关性的课程。他们会破坏学校财产，攻击老师和行政官员。但我们不会通过"培养对公众的一种尊重态度（而这种尊重目前还没有被给予学术本身，也没有被给予实践中的学者和教师）"来解决这个问题。（在园艺传统中，培养尊重态度是一个隐喻。）有问题的其实是教育环境。我们需要设计相倚联系，在这些相倚联系下，学生能习得对他们自身以及他们的文化来说都有用的行为——这些相倚联系通常不会有麻烦的副产品，而会产生据说会"表现出对学习之尊重"的行为。在大多数教育环境中，我们很难看到到底是哪里出了问题，而且，为了设计一些材料让学习变得尽可能简单，并在教室或其他地方建构相倚联系（这给学生们提供了强有力的理由去获得教育），我们已经做了很多事情。

当年轻人拒绝服兵役、逃走或叛投其他国家时，一个严重的问题也会出现，但我们不会通过"激发更强烈的忠诚或爱国精神"来做出可预见的改变。必须要改变的是那些诱使年轻人以既定方式做出对其政府的行为的相倚联系。政府的约束力一直以来几乎完全是惩罚性的，国内混乱和国际冲突的程度已充分地表明了其不幸的副产品。我们几乎总是和其他国家发生战争，这是一个严重的问题，但我们不会通过攻击"导致战争的紧张状态"、安抚尚武精神，或者通过改变人们的心理（在这样的心理状态中，联合国教科文组织告诉我们，战争开始了），来获得大的改变。必须要改变的是人们和一些国家在其中制造战争的环境。

第八章 | 一种文化的设计

我们可能还会因为这样的事实而感到不安,即许多年轻人都尽可能不工作,或者工人们的生产力不是很高且工人经常缺勤,或者产品的质量总是很低劣。但我们不会通过激发"一种技艺感或工作中的自豪感""一种劳动尊严感",或者如一位作者所说,在手艺和技能作为社会等级制度一部分的地方,通过改变"对社会等级超我(caste superego)的深层情感抵制",来获得大的改变。其实出问题的是诱使人们勤奋、细致工作的相倚联系。(其他类型的经济方面的相倚联系也出了问题。)

沃尔特·李普曼[6]曾说过,"摆在人类面前的最大问题"是人们如何才能够拯救自己,免遭对自己产生威胁的大灾难。但要回答这个问题,我们所要做的必定不仅仅是发现人们是怎样"让他们自己有意愿且有能力拯救自己的"。我们必须探究那些诱使人们做出提高其文化之生存概率的行为的相倚联系。我们有"拯救自己"所需要的物理技术、生物技术和行为技术,但问题是如何让人们使用这些技术。这种情况有可能像是"乌托邦只有意志",但这是什么意思呢?一种由于能诱使其成员为其生存而努力,从而生存了下来的文化的主要规范有哪些呢?

将行为科学运用于一种文化的设计过程,是一个富有雄心的提议,但这常常被人贬为一个乌托邦式的提议。人们之所以持怀疑态度,其原因中有一些值得评论一番。例如,有人常常断言,在真实世界与分析行为的实验室之间存在着一些根本的差异。实验室环境是人造的,而真实世界是自然的环境;实验室环境很简单,但真实世界比较复杂;实验室中所观察到的过程通常较有秩序,而在其他地方表现出的行为则有较为混乱的特点。这些都是真实存在的差异,但随着行为科学的发展,差异可能就不再是这个样子。因此，即使是现在，大家也常常不会把它们太当回事。

人造环境与自然环境之间的差异并不是一种很重要的差异。在鸽子成长的环境中，相倚联系是其中普遍存在的部分。在这个意义上，以下这种现象就可以说是自然的：一只鸽子四处啄叶子，它在一些叶子下面找到了一些食物。而这样的相倚联系则显然是不自然的：一只鸽子啄了一下墙面上一个有亮光的圆盘，然后食物便出现在了圆盘下方的一个食盘里。不过，尽管实验室中的程序化设备是人造的，而树叶和种子的安排是自然的，但二者强化行为的程式却可以安排得一模一样。自然的程式是实验室的"变化比率"程式，我们没有理由怀疑在两种条件下行为会以相同的方式受其影响。当用程序化设备对程式的影响进行研究时，我们便开始理解自然中所观察到的行为。而且，随着越来越多复杂的强化性相倚联系被放到了实验室中加以研究，我们对于自然相倚联系也就有了越来越多的了解。

简单化（simplification）的问题也是一样。每一门实验科学都会简化其实验的条件，尤其在研究的早期阶段，更是如此。一项对行为的分析自然开始于简单的有机体在简单的环境中以简单的方式做出的行为。当出现一定程度的秩序性时，便可以安排更为复杂一些的条件。我们只能以成功所允许的速度前进，而进展的速度通常似乎并不够快。行为是一个让人沮丧的领域，因为我们一直与它有非常密切的接触。早期的物理学家、化学家和生物学家都喜欢用一种自然的方法来保护他们自己的领域，使其不会变得很复杂。他们可以选择一些东西作为他们的研究对象，并将自然界中的其他一切都视为与其研究不相关，或者显然超出了其研究范围而不予考虑。如果吉尔伯特、法拉第或麦克斯韦对现在大家都熟知的"电"有一丁点的了解，他们在找到研究出发点和

第八章 | 一种文化的设计

系统阐释看起来并不"过于简单化"的原理的过程中,就会遇到多得多的麻烦。对他们来说幸运的是,他们领域中如今已为人所知的很多东西,都是由于他们的研究及其技术的使用而逐渐为人们所了解的。因此,在理论构想获得较大发展之前,都不需要对其进行考虑。行为科学家就没有这样的运气了。他太清楚了:他自己的行为就是他的研究主题的一部分。微妙的知觉、记忆的诀窍、梦的奇特,以及明显凭直觉解决问题的方式——这些及其他许多有关人类行为的东西都需要不断地得到关注。而要找到一个研究出发点,并得出看起来并不太过简单的理论构想,则要困难得多。

通常情况下,根据一种实验分析来解释人类事务的复杂世界,无疑过于简单化了。主张的观点被夸大,而局限之处会被忽略。但是,真正的过于简单化是:传统上对心理状态、感受及一个自主个体的其他方面的关注,现在正逐渐被一种行为分析取代。对这一点做心理主义解释而让人们感到非常轻松自在的现象,很可能就是说明以下这一点的最好证据:我们给予这些方面的关注是多么地少。对于传统的实践,也可以用同样的观点。对于从一项实验分析中得出的技术,只有将其与通过其他方式得出的结果放在一起比较,才能对其做出评价。我们要展示的究竟是非科学或前科学的合理判断、常识,还是通过个人经验得到的洞见呢?这要么是科学,要么什么都不是,而解决简单化问题的唯一方法是:学会如何处理复杂的情况。

行为科学还没有准备好解决我们所有的问题,但这是一门不断发展的科学,它最终的适用范围是我们现在无法判断的。当批评者断言它不能解释人类行为的这个或那个方面时,他们通常想表达的是,它永远都不能做到,但分析一直在不断地发展,而

>> 145

且，事实上，它的发展状况要比批评者通常所认识到的要先进得多。

重要的事情与其说是知道如何解决一个问题，还不如说是知道如何找到一种解决问题的办法。曾经有一群科学家来到罗斯福总统身边，给了他这样一个提议：制造一颗威力足够强大的炸弹，这样第二次世界大战在几天之内就可以结束了。其实这些科学家自己也不知道该如何制造这样一颗炸弹。他们所能说的仅仅是：他们知道该如何找到解决问题的办法。当今世界上需要解决的行为问题，毫无疑问要比核裂变的实际运用复杂一些。而且，基础科学绝没有发展到非常先进的程度。不过，我们知道应该从哪里开始去寻找解决这些问题的办法。

有人提议，可以在一项科学分析的帮助下来设计文化，这个提议常常会导致卡珊德拉式的灾难预言。文化无法按预先的计划发挥作用，而且，无法预言的结果有可能是灾难性的。我们很难找到证据来证明这一点，这很可能是因为历史似乎就站在失败的一方：许多计划都出了问题，而且，很可能就是因为做了计划才失败。克鲁奇先生[7]曾说过，在一种精心设计的文化中，存在的威胁是：没有计划的东西"可能永远都不会再一次涌现出来"。但是，我们很难证明对偶然事件之信任的合理性。诚然，我们至今获得的所有东西几乎都是偶然事件带来的，它们毫无疑问还会继续促进人类的成就，但一次偶然事件本身是没有什么价值可言的。没有计划的东西也会出问题。一位善妒的统治者常常将任何的捣乱都视作对他的冒犯，如果要维持法律和秩序，他的这样一种癖性可能就具有意外的生存价值。但一位猜疑心过重的领导者在制订军事策略时也是这样，那很可能就会产生完全不同的效果。在无止境地追求幸福的过程中产生的工业，在突然需要战争物资时，可能具有意外的生存价值，但它可能会耗尽自然资源并污染环境。

如果一种精心计划的文化必定意味着统一化或组织化，那么，它真的可能会不利于进一步的发展。如果人与人之间非常相似，那么，他们就不太可能在偶然间想到或设计出新的习俗。而一种文化如果让人们变得尽可能相似，那么，它很可能就会在不知不觉中变成一种人们无从逃避的标准模式。那将是一种糟糕的设计，但如果要寻求多样性，我们就不应该转而依赖于偶然事件。许多偶然出现的文化都具有统一化和组织化的特点。政府、宗教及经济体系中管理上的迫切需要通常会导致统一化，因为它简化了要控制的问题。传统的教育机构会明确指出什么年纪的学生应该学习什么样的内容，而且，管理者会对此进行检验，确保能够达到这些要求。政府和宗教的法规准则通常相当明确，几乎没有任何空间留给多样性或改变。唯一的希望是有计划的（planned）多样化，在其中，多样性的重要性得到了承认。当统一化变得很重要时，植物的种植和动物的养殖都会朝着统一化的方向发展（就像在简单化的农业或畜牧业中一样），但这同时也需要有计划的多样性。

计划通常并不会阻止有用的偶然事件。几千年来，人们一直使用纤维物质（如棉织物、羊毛制品或丝织物）。从它们是生存性相倚联系（生存性相倚联系与使其变得对人类有用的相倚联系之间并没有密切的关系）的产物这个意义上说，这种资源的获得是偶然的。而与此同时，合成纤维则显然是被设计出来的，它们的效用被纳入了考虑的范围。但合成纤维的生产并不会降低任何一种新型棉织物、羊毛织物或丝织物发展的可能性。偶然事件依然会发生，而且事实上，那些探究新可能性的实践还进一步推动了偶然事件的发生。我们可以说，科学通常会使偶然事件发生的可能性增加到最大。物理学家通常并不会把自己的研究局限于世界上大多数地方偶然会发生的温度上，他会制造一系列连续的范围非常广泛的温度。行为科学家并不会把自己的研究局限于自然界中会发生的强化程式上，他会构想出各种各样的程式，其中有一些可能从来都没有偶然出现过。一个偶然事件所具有的相倚联系，其实并没有什么价值可言。随着新习俗的出现并经历选择的过程，一种文化会不断地发展，我们已迫不及待地等着它们的偶然出现。

另一种反对新文化设计的观点，可以这样来表达："我不喜欢。"[8] 或者翻译过来就是："那种文化非常令人厌恶，它不会采用我已习以为常的方式来给予我强化。""改革"（reform）这个词之所以不受人喜欢，是因为它常常与强化物的破坏联系在一起——"清教徒砍断了五朔节花柱，五朔节花柱舞被遗忘了"。但一种新文化的设计必定是一种改革，可以说它必定意味着强化物的改变。例如，消除一种威胁就是消除逃跑的紧张。在一个更美好的世界里，没有人能够"从'危险'这棵荨麻上……采摘'安全'这朵花"。当劳动变得不再是强制性的时，休息、娱乐、休闲所具有的强化价值就必定会减弱。一个不需要道德斗争的世界，将不会提供任何会带来成功的道德斗争结果的强化。任何一个改变宗教信仰者都无法享受到红衣主教纽曼（Cardinal Newman）从"巨大焦虑的重压"中释放出来的感受。艺术和文学将不再以这样的相倚联系为基础。我们将不仅没有理由去欣赏那些承受痛苦、面对危险或努力为善的人，而且，我们还可能几乎不会对有关这些人的图画或图书产生任何的兴趣。一种新文化

第八章 | 一种文化的设计

的艺术和文学可能会围绕其他的主题。

这些是重大的变化,我们自然会对它们做仔细的思考。问题在于要设计一个为生活于其中的人所喜欢,而不是现在设计它的人所喜欢的世界。"我不喜欢"是那些个人主义者的抱怨,他们提出了其自身对具有确定价值之强化的感受性。一个为当代人所喜欢的世界将一直保持现状。这个世界之所以会被喜欢,是因为人们所接受的教育要求他们要喜欢它,而至于为什么要喜欢,则并非总有人去做细细的审查。一个更美好的世界之所以会被生活于其中的那些人喜欢,是因为人们在设计它的过程中考虑到了什么东西最具有强化性,或者说什么东西有可能最具有强化价值。

与过去完全决裂,那是不可能做到的。一种新文化的设计者始终会受到文化的约束,因为他无法让自己完全摆脱他所生活的社会环境使其形成的倾向。从某种程度上说,他必定会设计出一个他自己喜欢的世界。此外,一种新文化肯定会吸引那些打算迁入其中生活的人,而他们必定是另一种旧文化的产物。不过,在这些习俗限制之下,我们应该可以将盛行文化之相倚性特征所产生的效应减小到最低,并转向人们所说的好的事物的根源。最终的源头存在于种族进化和文化的发展中。

有时候,有人会说,对一种文化进行科学设计是不可能的,因为人们根本不会接受这样一个事实,即他们能够被控制。陀思妥耶夫斯基[9]曾说,即使可以证明一个人的行为完全是被决定的,他"还是会做一些十分任性的事情——他会制造破坏和混乱——仅仅是为了获得他自己的观点。……而如果所有这一切进而可以通过预测它将要发生来被分析和预防,那么,他将刻意疯狂地去证明他的观点"。其言外之意是:他会因此失去控制,就

165

>> 149

好像疯狂是一种特殊类型的自由，或者就好像一位精神病患者的行为无法预测或控制一样。

从某种意义上说，陀思妥耶夫斯基的观点可能是对的。一部自由文献可能会激发相当疯狂的反对控制实践的行为，产生一种神经症（如果不是精神病的话）反应。在那些深受此类文献影响的人身上，我们常常可以看到情绪不稳定的迹象。与他在讨论这样一种可能性时所体验到的痛苦相比，即一种关于行为的科学和技术，以及它们在有意设计某种文化的过程中的应用，我们没有更好的证据表明传统自由论者的困境。骂人（name-calling）是一件很常见的事情。亚瑟·库斯勒[10]把行为主义称作"小之又小的平凡琐事"。他说，行为主义代表了"大规模地乞求论点"。它把心理学卷入了"一个现代版的黑暗时代"。行为主义者采用的是"学究式的术语"，而强化是"一个丑陋的字眼"。操作实验室中的设备是一种"奇妙的装置"。彼得·盖伊[11]（他的学术著作写的是18世纪的启蒙运动）应该已经准备好了对文化设计产生一种新式的兴趣，他谈到了"行为主义生来就有的天真行为、智力的丧失，以及半故意的残忍行为"。

还有一种症状是对当前的科学状态持盲目的态度。库斯勒曾说过："在'预测和控制行为'的过程中，让人印象最为深刻的实验是通过操作性条件作用，训练鸽子高视阔步，把它们的头抬到超乎自然的高度。"他是这样来解释"学习理论"的："根据行为主义者的学说，所有行为都是通过击中—错失或尝试—错误的方法发生的。对于某一既定的刺激，有机体偶尔会做出正确的反应，于是它会获得一个奖赏，或者用专业术语来表达，会产生强化效应。如果这个强化足够强，或者重复的次数足够多，那么，这个反应就会'被铭刻在心'，一个S-R联结（即刺激—反应联

第八章 | 一种文化的设计

结）就形成了。"这种解释大约已经过时 70 年了。

其他常见的误解中包括这样一些观点：认为科学分析总是将所有的行为都看作对刺激的反应，或者认为所有行为"都是条件反射的问题"，觉得行为主义不承认遗传基因对行为的影响，认为它忽视了意识领域。（在下一章，我们将会看到，在关于所谓意识的性质及其运用的最为激烈的讨论中，行为主义者一直都发挥了重要作用。）这样的论述常常出现在人文学科中，这是一个曾经因为其学术成就而闻名的领域，但对未来的历史学家来说，却很难从其批判者所撰写的内容中重新构建出当前的行为科学和技术。

还有一项实践将我们所有的弊端都归咎于行为主义，并以此对行为主义加以指责。这一实践有很长的历史。罗马人指责基督徒制造了地震和瘟疫，基督徒也以同样的理由指责罗马人。在谴责人类提出的某个科学概念，认为其应该为我们当今所面临的一些严重问题负责这个方面，很可能没有人像伦敦《泰晤士报文学增刊》[12]上的一位匿名作者那样极端：

> 在过去的半个世纪中，我们的各种智力领导者已经条件作用了我们（"条件作用"这个词正是行为主义的产物），让我们根据量化的、含蓄的决定论看待这个世界。哲学家和心理学家们同样也侵蚀了我们所有关于自由意志和道德责任的旧有假设。我们一直被教导要去相信的唯一现实是事物的物理秩序。我们通常不会发起行动，我们会对一系列外在刺激物做出反应。直到最近几年，我们才开始看清这种世界观将我们带到了哪里：发生在达拉斯和洛杉矶的可怕事件……

换句话说，对人类行为的科学分析要为暗杀约翰·肯尼迪和罗伯特·肯尼迪的事件负责。这样一个大谬误似乎证实了陀思妥耶夫斯基的预言。政治上的暗杀事件有着太长的历史，不可能由一门行为科学激发而产生。如果有任何理论应该受到指责的话，那么，差不多应该就是那种关于一个自由的、有价值的自主人的普遍理论了。

当然，我们有很好的理由来解释为什么对人类行为的控制会遭到抵制。最为常见的技术往往令人厌恶，而且我们预计会出现某种反控制举动。被控制者可能会超出控制的范围（控制者则将努力地阻止他这么做），或者他可能会发起攻击，而他这么做的方式往往是文化发展过程中的重要步骤。因此，群体的成员确立了这样一条原则：使用武力来惩罚那些通过其他任何可用手段做到这一点的人是错误的。政府把这条原则编进了法典，称使用武力是不合法的行为；宗教则称其是有罪的行为。而且，它们都安排了相倚联系来压制对武力的使用。当控制者接着转向那些不让人厌恶但在一段时间之后会产生让人厌恶之结果的方法时，其他的原则就会出现。例如，当群体说通过欺骗来控制是错误的时，政府和宗教紧跟着也会认可这一点。

我们已经看到，有关自由和尊严的文献已扩展了这些反控制措施，企图压制所有的控制实践，即使这些控制实践不会产生让人厌恶的结果，或者会产生补偿性的强化结果。文化的设计者遭到了抨击，因为明确的设计就意味着控制（但愿这只是设计者施加的控制）。这个问题常常会这样来问：谁来控制？这个问题常常会被提出来，就好像其答案必定具有威胁性一样。不过，为了防止对控制权的滥用，我们一定不能只看控制者自身，还要审视

第八章 | 一种文化的设计

他在其中实施控制行为时的相倚联系。

控制措施之间的显著差异常常会误导我们。埃及的奴隶为了建成一个金字塔在采石场凿石头,他们在一位手拿皮鞭的士兵的监督之下工作。军需官给这位士兵发放薪饷,让他在这里挥动鞭子,这位官员同样也拿了法老支付的薪饷。对于神职人员提出的建造一座神圣不可侵犯的坟墓的必要性,法老一直以来都深信不疑,而神职人员之所以讨论此种影响,是因为当时赋予他们的僧侣特权和权力,如此等等。比起薪饷,皮鞭是一种更为明显的控制工具,而薪饷相比于僧侣特权则更为明显,特权则比一种对富足的未来生活的期望更为明显。在这些结果中,存在一些相互关联的差异。如果可以的话,奴隶会逃跑;如果经济上的相倚联系太弱,士兵或军需官将会辞职或罢工;如果法老的国库过分紧张,那他就会遣散他的神职人员,并开启一种新的宗教,而神职人员将转而支持法老的竞争对手。我们之所以能够挑选出关于控制的显著例子,是因为从突然性及其效果的明晰性看,它们似乎启动了某件事情,但忽视其他不显著的控制形式,则是一个重大的错误。

控制者与被控制者之间的关系是相互的。在实验室中研究鸽子的行为的科学家设计了相倚联系,并观察其效果。他的仪器装置通常会对鸽子施加一种明显的控制,但我们也不能忽略鸽子所实施的控制。是鸽子的行为决定了仪器装置的设计,以及使用这些仪器装置的程序。这样的相互控制是所有科学的特征。正如弗朗西斯·培根所说,要掌握大自然,就必须遵守自然规律。那些设计回旋加速器的科学家会受到他所研究的粒子的控制。一个父母控制其孩子的行为(不管是通过令人厌恶的手段,还是通过积极强化)的形成和维持会受到这个孩子的反应的影响。一位心理治疗师通常通过这样的方式来改变其患者的行为：患者在改变那种行为的过程中所取得的成功会影响这些方式的形成和维持。一个政府或宗教往往会规定和强制实施一些根据其控制市民或受圣餐之人的有效性选择出来的法令。一位雇主会诱使其雇员努力、细致地工作，而用来吸引员工的工资制度则是由其对行为所产生之影响决定的。一位教师的课堂实践通常由其对学生所产生的影响塑造而成并得以维持。因此，我们可以非常肯定地说，奴隶会控制监督奴隶工作的人，孩子会控制父母，患者会控制治疗师，市民会控制政府，受圣餐者会控制神职人员，雇员会控制雇主，学生会控制教师。

确实，物理学家设计回旋加速器是**为了**控制一些亚原子粒子的行为，而粒子并不会**为了**让他能够做到这一点而以特有的方式做出行为。监督奴隶工作的人挥动鞭子是**为了**让奴隶工作，而奴隶不工作，并不是**为了**诱使监督其工作的人挥动鞭子。"为了"（in order to）这个词所隐含的意图或目的涉及这样一个问题，即结果可以在多大程度上有效地改变行为，以及因此要想解释行为的话，必须在多大程度上将结果纳入考虑的范围。粒子不会受到其行动结果的影响，我们没有理由去谈它的意图或目的，但奴隶可能会受到他的行动结果的影响。相互的控制对双方而言都不一定是有意的，但一旦他们感知到结果，控制就会变成有意的。一位母亲为了让婴儿停止哭泣，学会了抱起孩子并将其抱在怀中，她很可能在婴儿为了被人抱起并被抱在怀中而学会哭泣之前，就可能已经学会了这么做。有一段时间，只有母亲的行为是有意的，但婴儿的行为也可能会变成有意的。

为了被控制者的利益而做出的控制的原型模式是乐善好施的

第八章 | 一种文化的设计

独裁者（benevolent dictator），但它并没有解释说：他之所以做出乐善好施的行为，是因为他乐善好施，或者是因为他**觉得**自己乐善好施。对此，我们自然会保持一种怀疑的态度，直到我们能够指出导致乐善好施行为的相倚联系。乐善好施或怜悯同情的感受可能伴随着那种行为，但它们也可能由于一些不相关的状况而产生。因此，它们并不能确保一个控制者因为有同情心就一定能够很好地控制他自己或其他人。据说，罗摩克里希那[13]在跟一位富有的朋友一起散步时，因看到一些村民的贫困状态而感到震惊。他对他的朋友说："给这些人每人一块布、一顿好饭、一些头油吧。"当他的朋友一开始拒绝时，罗摩克里希纳流下了眼泪。"你这个卑鄙的家伙，"他哭着说，"……我要和这些人待在一起。没有人照顾他们。我不会离开他们。"我们注意到，罗摩克里希那关注的不是这些村民的精神状态，而是衣服、食物，以及防晒措施。但他的感受并不是有效行动的副产品，他就算使上所有的定力也什么都给不了，除了同情。尽管文化因为这样一些人而有所发展，这些人的智慧和同情心可能提供了线索，让我们知道他们通常会做什么，或者将会做什么，但最终的发展则通常来自使其变得智慧和富有同情心的环境。

重要的问题是要安排有效的反控制，从而带来一些重要的结果，对控制者的行为产生影响。当控制被授予了权力，而反控制因此变得无效时，一些经典的有关控制与反控制之间失衡的例子就出现了。精神病医院以及给智障者、孤儿、老人提供的家园往往因其反控制性较弱而闻名，因为那些关注这些人的幸福的人通常并不知道将会发生什么。就像最为常见的控制措施所表明的，监狱几乎没有什么机会可以做出反控制。当一些有组织的机构接管了控制时，控制和反控制往往就会陷入混乱的状态。当它们的

>> 155

效果发生变化时，非正式的相倚联系就会快速调整，但对于组织留给专家的相倚联系，很多结果甚至都没有触及过。例如，那些支付教育费用的人可能接触不到所教授的内容和所使用的方法。教师完全受到学生所施加之反控制的支配。因此，一所学校可能会变得完全专制或完全混乱，所教授的内容可能是跟不上世界变化的过时之物，或者被消减为学生们愿意学习的东西。在法学上，当法律不再适用于社区实践却要继续被实施时，一个相似的问题也会出现。规章条例从来都不会产生与得出这些规章条例之相倚联系完全适宜的行为。当规章条例一直不受侵犯时，如果相倚联系发生改变，那么，这种矛盾就会变得越来越大。同样，当商品的强化作用发生改变，经济事业单位强加给商品的价值可能就会与商品的强化作用不相对应。简言之，一个对其实践结果不敏感的组织机构通常不会遭遇重要的反控制。

"自治"（self-government）似乎常常通过将控制者等同于被控制者来解决这个问题。让控制者成为他所控制的群体当中的一员，这条原则应该被运用到文化的设计者身上。如果一个人设计某种技术设备是为了供自己使用，那么，他应该就会考虑到使用者的利益，而一个人如果设计的是他自己也将生活于其中的社会环境，那他应该也会考虑到生活于这种社会环境中的人们的利益。他会选择对他而言非常重要的商品或价值，并安排他自己能够适应的那些相倚联系。在一个民主社会中，控制者通常也是被控制者，尽管他在承担这两种角色时会采用不同的行为方式。后面，我们将会看到，从某种意义上说，一种文化能够控制其自身，就像一个人控制他自己一样，但这个过程还需要加以细致的分析。

对文化的有意设计（其隐含之意是要控制行为）有时候会被

人说成在伦理或道德上是错误的。伦理和道德尤其关注行为所引起的远期结果。这其中还有一种自然结果的道德。如果吃了某一种美味的食物会让人以后患病，那么，怎样才能让他不去吃这种食物呢？或者，一个人必须承受痛苦或疲惫才能获得安全，那他该怎么做呢？社会性相倚联系更有可能引起道德和伦理问题。（正如我们已经指出的，这些词语指的是群体的习俗惯例。）一个人怎样才能克制自己不去拿属于他人的东西，以避免受到惩罚（他如果拿了属于他人的东西的话，可能就会受到惩罚）？或者，他为了获得他们的许可而需要承受怎样的痛苦或疲惫？

我们已经做过思考的实践问题是如何才能让远期结果变得有效。[14] 在没有任何帮助的情况下，一个人在自然相倚联系或社会性相倚联系之下，几乎不能获得任何的道德行为或伦理行为。当群体根据准则或规则（这些准则或规则会告诉个体应该有怎样的行为表现）来描述其实践，当群体用补充的相倚联系来实施这些规则时，群体通常会提供支持性的相倚联系。格言、谚语和其他形式的民间智慧给了人们要遵守规则的理由。政府和宗教以某种更为明确的形式，系统阐释了它们所坚持的相倚联系，而教育传授了那些既满足自然相倚联系，又满足社会性相倚联系，同时又不会直接暴露于它们面前的规则。

这是被我们称为文化的社会环境的一部分，正如我们看到的，其主要效应是将个体置于其行为之远期结果的控制之下。在文化发展的过程中，这种效应具有生存的价值，因为实践之所以获得发展，是因为那些实践它们的人因此而变得更好了。在生物进化和文化演进的过程中，都存在一种自然的道德。生物进化使得人类种族对其环境更为敏感，且能够更为熟练地应对周围环境。文化演进因为生物进化才变得有可能实现，它将人类有机体置于环境更为广泛的控制之下。

我们之所以说,极权主义国家、赌博行业、不受控制的计件工资、有害药品的销售或过分的个人影响等方面存在一些"道德上的错误",不是因为任何绝对的价值观,而是因为所有这些都会产生令人厌恶的结果。这些结果通常会在一段时间之后出现,因此,一门澄清这些结果与行为之间关系的科学可能最适合于从伦理或道德的意义上明确指出一个更好的世界。所以,实证科学家并不一定会否认"对人类及政治价值观和目标,可能会有一些科学的关注",或者根据法律,道德、公正和秩序"超越了生存"。

科学实践的特殊价值也是有重要意义的。科学家通常在那些使即时个人强化物最小化的相倚联系之下工作。从不能触及即时强化物这个意义上说,没有哪个科学家是"纯粹的"[15],他的行为所导致的其他结果也发挥了重要的作用。如果他以一种特定的方式设计了一个实验,或者在某个特定的点上停止了实验,因为这样得到的结果将能证实一种以他的名字命名的理论,或者用作能够让他获利的工业用途,或者能够给一些机构留下深刻印象从而支持他的研究,那么,他几乎肯定会陷入麻烦。科学家发表出来的结果常常要接受他人的快速检验,那些让自己因为一些并非属于其研究主题的结果而摇摆不定的科学家,很可能会身陷重重困难。如果有人说,科学家因此而比其他人更有道德或更合乎伦理,或者说他们具有更为完善的道德感,那就错了,他们这是将事实上属于科学家的工作环境的特征归到了科学家身上。

几乎每一个人都会做出伦理的和道德的判断,但这并不意味着人类物种"生来就有确定伦理标准的需要[16]或要求"。(我们也可以说,人类物种生来就有做出不道德行为的需要或要求,因为几乎每一个人都在某个时刻做出过不道德的行为。）人并没有进化成为一种合乎伦理或道德的动物。他至今只进化到了这样一个阶段：他已建构了一种合乎伦理或道德的文化。他与其他动物的不同之处，不在于拥有一种道德感或伦理感，而在于他能够创建出一种合乎道德或伦理的社会环境。

人类种族要想获得进一步的发展，对文化的有意设计以及它所隐含的对人类行为的控制就必不可少。生物进化和文化演进都不能保证我们必然会走向一个更美好的世界。达尔文在《物种起源》中用了一句著名的话作为总结："自然选择只是根据并且为了每个生物的利益而工作，所以一切肉体上和精神上的禀赋都将继续进步以趋于完善。"赫伯特·斯宾塞认为："理想之人的最终发展从逻辑上讲是必定的。"（虽然梅达瓦曾指出，当热力学用熵这一概念提出了一种不同的结论时，斯宾塞改变了他的想法。[17]）丁尼生[18]分享了他那个时代的末世论乐观主义，指出"万事万物都将走向一个远不能被称为神圣的事件"。但灭绝的种族和灭绝的文化证实了这种失败的可能性。

生存价值会随着环境的改变而改变。例如，一种对强化的强烈感受性一度非常重要，这种强化通常由特定种类的食物、性接触、攻击性伤害等引起。当一个人每天要花大量的时间来寻找食物时，那么，对他来说，快速学会到哪里去寻找食物或如何找到食物就很重要。但是，随着农业、畜牧业以及食物储存方式的出现，这种优势就没有了，这种因食物而受到强化的能力现在常常会导致吃得过多和疾病。当饥荒和瘟疫常常导致人类大批量死亡时，重要的是人类应该抓住每一个机会繁衍后代。但随着卫生系统、医学和农业的改进，这种对性强化的感受性现在就意味着人口过剩。在一个人必须保护自己免受食肉动物（包括其他人）威胁的时期，重要的是，任何有可能表明他的行为会让食肉动物受到伤害的迹象都应该强化具有那种效应的行为。但随着有组织的社会的发展，对那种强化的感受性就会变得不再那么重要，而且，现在可能会干扰更为有用的社会关系。文化的功能之一是：通过控制技术的设计，尤其是自我控制技术的设计（这些技术会减弱强化的效果），来矫正这些先天的倾向。

即使在稳定的条件下，一个种族也可能会具有非适应性或适应不良的特征。操作性条件作用的过程本身就是一个例子。对强化的快速反应必定具有生存价值，而许多种族已经发展到了这样一个程度，即一种单一的强化就会产生相当强的效果。但一个有机体学习的速度越快，它就越容易遭遇偶然的相倚联系。一种强化物的偶然出现通常会强化任何处于进行状态之中的行为，并将其置于当前刺激物的控制之下。我们会说这样的结果有些迷信[19]。据我们所知，任何能够从一些强化中进行学习的物种都迷信，而其结果常常是灾难性的。当一种文化设计统计程序抵消偶然相倚联系的影响，并将行为仅置于那些与其有功能相关的结果的控制之下时，它就纠正了这样一个缺陷。

我们需要的是更具"有意性"的控制，而不是有意性较小的控制，这是一个重要的工程问题。对个体来说，一种文化的好处不能作为真正的强化物的根源，文化为诱使其成员为了它们的生存努力而设计出的强化物通常与个人的强化物相冲突。例如，明确参与改善汽车设计工作的人数必定远远超过那些关注改善城市贫民区居民生活的人数。这并不是因为汽车比一种生活方式更为重要，而是因为诱使人们改进汽车的经济性相倚联系非常强大。这些经济性相倚联系产生于那些生产汽车的人的个人强化物。没有哪种具有相当大力量的强化物会促进一种文化的纯粹生存这一工程。当然，汽车工业技术要比行为技术先进得多。这些事实仅仅强调了有关自由和尊严的文献所造成之威胁的重要性。

对一种文化促进其自身未来发展之程度的敏感性测试是其处理闲暇[20]的方式。有些人拥有足够的权力，可以强迫或诱使他人为他们工作，而他们自己几乎不做什么事情。这些人"很有空闲"。那些生活在特别慈爱的氛围之中的人也是这样。幼儿、智障者、患有心理疾病者、年老者，以及那些需要他人照顾的人，也是这样。生活在富裕、幸福的社会之中的人，亦是如此。所有这些人看起来都能够"随心所欲"，而这自然是自由论者的目标。闲暇是典型的自由。

人类这个物种随时准备好有短期的闲暇。当吃了一顿大餐而感到完全满足，或者当成功地避开了危险时，人类就会像其他物种一样放松一下或睡一觉。如果这种状况持续的时间比较长，那么，他们可能就会进行各种形式的游戏——严肃的行为此时会产生不严肃的结果。但是，如果很长时间都无事可做，那结果就完全不同了。动物园里被关在笼子当中的狮子吃得很好且安全，它们的行为方式与生活在野外吃饱了的狮子的行为方式不一样。就像被体制化的人一样，他们面对的是更为糟糕的闲暇问题：无所事事。闲暇是人类物种一直以来都没有做好准备的一种状态，因为直到最近，它都只是少数人享有的一种状态，而这些人为基因库所做的贡献少之又少。现在，很多人都有相当可观的闲暇时间，但却一直没有机会可以有效地选择一种相关的基因天赋或一种相关的文化。

当强大的强化物不再有效时，次级的强化物就会取而代之。性强化之所以比富裕或幸福更为长久，是因为它关注的是物种（而不是个体）的生存，性强化的获得并不是一件可以委托给其他人的事情。因此，性行为在闲暇中通常占有显著的位置。有效的强化作用一直得以保持可能是人为的，也可能是被发现的，例如，即使在个体不饿时也能继续发挥强化作用的食物，还有像酒精、大麻或海洛因这样的药物（它们碰巧因为一些不相关的理由或信息而产生了强化作用），以及按摩。一旦做出恰当的安排，任何弱强化物都会变成有效的强化物。我们发现，在所有的赌博行业中，变化比率程式在闲暇时间开始盛行起来。同样的程式也解释了猎人、渔夫或收藏家的全心投入，至于捕捉到了什么或收集到了什么，其实并不具有非常重要的意义。在游戏和运动中，相倚联系尤其是人为的，为的是让一些琐碎的小事件变得高度重要。闲暇中的人们也会变成一个旁观者，就像在罗马竞技场、现代足球赛场、剧院或电影院中一样观看他人认真表现出的行为，或者像在闲聊或阅读文学作品一样听着或读着有关他人的认真行为的描述。这种行为对于个人的生存或一种文化的生存来说几乎没有什么促进作用。

很长时间以来，闲暇都与艺术、文学和科学的生产力有关。一个人必定在闲暇的时候才会从事这些活动，而只有一个相当富足的社会才能广泛地支持这些活动。但闲暇本身并不一定会产生艺术、文学或科学，产生这些需要特殊的文化条件。因此，那些关注其文化之生存的人将会密切地留心这样一些相倚联系，即当日常生活中那些迫切需要的相倚联系减弱时依然保持效用的相倚联系。

人们常常说，富足的文化能够提供闲暇时光，但我们对此并不确信。对于那些努力工作的人来说，之所以很容易将闲暇状态与强化混淆到一起，部分原因是它常常与强化相伴随。而且，长期以来，幸福（比如自由）一直与做自己喜欢的事相关联。不过，对人类行为产生的真实影响可能会威胁到一种文化的生存。我们不能忽略那些无所事事之人所具有的巨大潜力。这些潜力可能是创造性的，也可能是破坏性的；可能是保存性的，也可能是消耗性的。它们可能会达到极限，也可能会被转换成机器。如果文化给了这些人强有力的强化，那么，他们可能就会支持文化；而如果生活单调乏味，那他们可能就会逃离此种文化。当闲暇时光结束时，他们可能已经准备好，也可能没有准备好做出有效的行为。

对于那些关注一种文化之生存的人来说，闲暇是一大挑战，因为当一个人不需要做任何事情时，任何想要控制他的行为的尝试都很可能被抨击为横加干涉。生活、自由以及对幸福的追求是基本的权利。但它们是个体的权利，在有关自由和尊严的文献关注个体的扩张时，这些权利本身就会被列出来。它们对文化的生存只会产生较小的影响。

一种文化的设计者既不是一个擅自闯入者，也不是一个爱管闲事的人。他不会中途介入，干扰一个自然的过程，他是自然过程的一部分。通过选择性繁殖或改变基因来改变某一物种之特征的遗传学家可能会被认为干涉了生物进化的过程，但他之所以这么做，是因为他的种族已经发展到了这样一种程度，即它已能够发展出一门关于遗传的科学，以及一种能够诱使其成员将种族的未来纳入考虑范围的文化。

那些一直受其文化诱使，通过设计来促进文化生存的人必须要接受这样一个事实，即他们正在改变人类所生活的环境，因而也参与了对人类行为的控制。好的政府和坏的政府一样，都会控制人类的行为，好的刺激条件和剥削利用一样，好的教学和惩罚性训练也是一样的。没有什么东西可以通过使用一个较为温和的字眼获得。如果我们仅仅满足于"影响"他人，那我们将不会偏离那个字眼的本义太远——"一种来自天上的液体通常被认为是从星星上流淌下来的，而且会对人类的行为产生影响"。

当然，抨击控制性实践就是一种反控制。如果更好的控制性实践因此而被选择，那它可能就会产生无法估量的益处。但有关自由和尊严的文献却犯了一个错误，认为它们是在压制控制，而不是矫正控制。因此，使一种文化获得发展的相互控制受到了干扰。因为从某种意义上说所有的控制都是错误的而拒绝实施可获得的控制，其实就是拒绝了一些可能非常重要的反控制。我们已经目睹了这样的一些结果。而有关自由和尊严的文献帮助消除惩罚性措施却反而被推进了。对于那些使控制变得不明显，或者能够将控制隐藏起来的方法的偏爱，其实是谴责了那些使用软弱措施施加建设性反控制的人。

这可能是一种有害的文化突变。我们的文化已经产生了它拯救自己所需要的科学和技术。它拥有有效行动所需要的财富。它在相当大的程度上关注其自身的未来。但是，如果它继续把自由或尊严（而不是它自身的生存）当作其首要的价值观，那么，其他某种文化就有可能对未来做出更大的贡献。因此，自由和尊严的捍卫者（比如弥尔顿[21]的撒旦）可能会继续告诉他自己，他有"一颗在任何地点或时间都不会被改变的心"，以及一种充分发展的个人同一性（"如果我自始至终都是一样的，那在哪里又有什么关系呢？"）。不过，他将会发现自己深陷地狱，得不到任何的安

第八章 | 一种文化的设计

慰,只有一种幻觉陪伴他,即"在这里,我们至少会获得自由"。

———

文化就像行为研究中所使用的实验空间。它是一套强化性相倚联系,这是直到最近人们才开始理解的一个概念。浮现出来的行为技术从伦理上说是中立的,但当它被运用于一种文化的设计时,文化的生存就会发挥价值观的功能。那些一直以来被诱使为其文化而努力工作的人需要预见一些需要解决的问题,但一种文化当前所具有的许多特征都明显与其生存价值有关。我们在乌托邦作品中发现的设计通常诉诸一些简单化的原则。这些原则具有强调生存价值的优势:乌托邦行得通吗?当然,世界一般来说要比这复杂得多,但过程是一样的,习俗也是因为同样的原因而发挥作用的。最为重要的是,用行为的术语来陈述目标,具有相同的优势。而使用科学来设计一种文化的做法通常是不被赞同的。有人说,科学是不恰当的,运用科学有可能会导致灾难性的后果,它不会产生一种让其他文化的成员喜欢的文化,而且,无论如何,人们都会以某种方式来拒绝遭到控制。对行为技术的误用是一个严重的问题,但我们可以通过一些方法来规避这个问题。最好的方法不是审视那些通常所假定的控制者,而是审视他们在其中实施控制的相倚联系。我们必须仔细审查的不是一个控制者的善举,而是他以仁慈的方式在其中实施控制的相倚联系。所有的控制都是相互的,在一种文化的发展过程中,控制与反控制之间的互换必不可少。有关自由和尊严的文献常常会干扰这种互换,它们将反控制解释为压制,而不是对控制性实践的矫正。其结果可能是有害的。尽管我们的文化有显著的优势,但事实可能会证明它有一个致命的缺陷。因此,其他某种文化对未来的贡献可能会更大。

>> 165

第九章
人是什么

传统的观点一直把行为归因于自主人，而当行为科学采用了物理学和生物学的策略，自主人就被环境取代了——正是在环境中，物种才得以进化，个体的行为才得以塑造和维持。"环境论"的盛衰兴废表明，这个转变的过程经历了多大的困难曲折。在很早以前，人们就已经认识到，一个人的行为在某种程度上应归因于先前的事件，而且相比于人自身，环境更可能对人的行为产生影响。就像克兰·布林顿[1]所观察到的，英国、法国、俄国革命的一个重要部分是"制订计划，改变事物，而不是改变人"。在特里维廉[2]看来，是罗伯特·欧文首先"清楚地领会并传授了这样的观点，即环境造就性格，环境反过来也会受到人的控制"。或者像吉尔伯特·赛尔德斯[3]所阐述的："人是环境的产物，如果你改变30个霍屯督小孩和30个英国贵族小孩的生活环境，那么，贵族就会变成霍屯督人，而霍屯督族小孩则会成为小保守党人。"

支持一种原始环境论的证据非常清楚。不同地域的人往往有极其明显的差异，而造成这种差异的原因很可能就是地域的不同。骑在马背上的游牧民和置身外太空的宇航员是不同的人，但据我们所知，如果他们一出生就被交换，那他们的位置就会交换。（"交换位置"这种说法表明我们将一个人的行为与行为发生

第九章 | 人是什么

的环境如何紧密地联系到了一起。）不过，在我们利用这一事实有效地支持赛尔德斯的观点之前，我们还需要知道许多其他东西。造就出霍屯督人的环境是怎样的？要想使一个霍屯督小孩变成英国保守党人，我们需要改变哪些东西？

欧文在新哈莫尼（New Harmony）的乌托邦实验既证明了环境论者的热情，也证明了常常会让他觉得耻辱的失败。历史上漫长的环境改造——包括教育、监狱管理、工业以及家庭生活等方面的改造，更不要说政府和宗教方面的改造了——都表现出了同样的模式。如果我们在某些环境中观察到了某种良好行为，就会以这些环境为模式建构环境，但那种行为却往往不会出现。这种环境论延续了两百年之久，但却几乎没有做出任何可以称道的成绩。其原因很简单：在我们能够通过改变行为来改变环境之前，我们必须知道环境是怎样起作用的。如果仅仅是把强调的重点从人转移到环境上，那几乎没有任何意义。

下面，让我们举一些例子来说明环境是怎样取代自主人的功能和作用的。第一个例子是**攻击**（aggression），它常常被人说成与人性有关。有些人经常采取伤害他人的行为方式，看到他人受到伤害的迹象好像经常能让他们得到强化。行为研究者曾强调过生存性相倚联系，这些相倚联系促使此类攻击性特征成了物种的遗传素质，但个体一生中的强化性相倚联系也很重要，因为凡是以攻击的形式伤害他人的人，都可能以其他方式得到强化——例如，他可能会因为攻击他人而占有物品。相倚联系在解释行为时完全撇开了任何的攻击性状态、攻击性感受或者自主人发起的任何自发行为。

另一个涉及所谓"性格特征"的例子是**勤劳**（industry）。我

>> 167

们说有些人勤劳刻苦，意思是他们长期以来一直很有干劲地工作；而当我们说有些人懒惰、懒散，意思是他们没有认真地工作。"勤劳"和"懒惰"是成千上万种所谓"性格特征"中的两种。它们所指的行为也可以用其他方式来解释。其中一部分行为可以归因于遗传特质（只有采用遗传学手段，才能改变这部分行为），其他部分的行为则可以归因于环境中的相倚联系，环境中的相倚联系比人们通常认识到的要重要得多。不管有机体拥有何种正常的遗传素质，它总是处于剧烈活动与完全静止之间的某个点上。至于究竟处于哪个点，则取决于有机体是按什么样的程式受到强化的。这种解释将焦点从性格特征转移到了个体在环境中受到强化的经历上。

第三个例子是**注意**（attention），这是一种"认知"活动。一个人只会对作用在他身上的一小部分刺激做出反应。传统的观点认为，要"注意"哪些刺激，从而使其发挥作用，是由他自己决定的。这种观点认为，人拥有某种内心守门人，它允许某些刺激进入，并将其他所有刺激拒之门外。一个突然出现或十分强烈的刺激有可能突破防守并"引起"注意，但除了这种情况以外，人似乎总是会控制外来刺激。而一项对环境的分析却揭示了恰恰相反的关系。那些"引起"注意的刺激之所以能突破防守，是因为它们在人类进化史或个人生活史中与一些重要的事物——如危险的事物——有着密切的关联。较弱的刺激只有在涉及强化性相倚联系时，才会引起注意。我们可以安排相倚联系，以确保一个有机体——甚至是像鸽子这样"简单的"有机体——注意某一物体，而不注意另一物体，或者注意某一物体的某种特性（如颜色），而不注意其他的特性（如形状）。作用于有机体的相倚联系取代了内心守门人，这些相倚联系还决定了有机体会选择哪些刺激来做出反应。

传统的观点认为，个体会感知（perceive）周围的世界，作用于世界，从而认识世界。从某种意义上说，他是在伸手探索这个世界，抓住这个世界。他是在"吸纳这个世界"，占有这个世界。他是从《圣经》中所讲的男人认识女人的意义上来"认识"世界的。有人甚至提出，如果没有人感知世界，世界就不存在。而在环境分析中，人的活动与世界的关系则恰恰相反。当然，如果不存在可以感知的世界，就没有感知（perception）可言。但如果没有适当的相倚联系，也就没有人会感知这个现存的世界。我们说一个婴儿会感知母亲的脸，从而认识这张脸。我们这么说的依据是，婴儿会以某种方式对母亲的脸做出反应，而对其他人的脸或其他事物则会做出不同的反应。他之所以能做出这样的区分，并不是因为某种心理活动（即感知），而是因为先前的相倚联系。其中有些相倚联系可能是生存性相倚联系。一个物种的生理特征是物种进化环境中尤其稳定的部分（这就是行为研究者如此重视求偶行为、性以及亲子关系的原因所在。）在人类进化过程以及孩童的生活史中，母亲的脸和面部表情都一直与安全、温暖、食物以及其他重要事物有关。

我们之所以能够以特定的方式对事物做出反应，是因为它们乃是各种相倚联系的组成部分。从这个意义上说，我们学会了感知。[4] 例如，我们之所以感知太阳，可能仅仅是因为它是一种极其强大的刺激。但是，在整个人类进化史中，它始终都是环境的一部分。而且，某种与它相关的更为特定的行为可能会被生存性相倚联系选择出来（许多其他物种也是如此）。太阳还关系到当前的许多强化性相倚联系：我们根据温度的变化而选择沐浴阳光或避开阳光，我们等待日出或日落以从事某项活动，我们谈论太阳以及它的作用，我们最终还会用科学的仪器和方法来研究太阳。我们对太阳的感知取决于我们做了哪些跟太阳有关的事情。但无论我们做了什么，无论我们以怎样的方式感知太阳，事实都不会改变：是环境对正在感知的个体产生了影响，而不是正在感知的个体影响了环境。

产生于言语性相倚联系的感知（perceiving）和认识(knowing)甚至更为明显是环境的产物。我们会因为一个物体的颜色而以许多不同的可行方法对它做出反应。因此，我们会从一大堆苹果中挑出并吃掉红色的苹果，而不是绿色的苹果。显然，我们能够"说出红苹果和绿苹果的区别"。但是，当我们说我们**认识到了**一个苹果是红色的，而另一个苹果是绿色的时，这其间牵涉到了更多的东西。人们会很容易认为，"认识"是一个完全不涉及活动的认知过程，但相倚联系能够对此做出更为有效的区分。当有人询问某个他看不到的物体的颜色时，我们会跟他说这个物体是红色的，除此之外，**我们**无法以任何其他方式对这个物体做什么。是那个询问我们并听到我们所给出之答案的人做出了实际的反应，而且，他的反应取决于颜色。只有在言语性相倚联系的作用下，说话者才能对某种孤立的属性做出反应（对于孤立的属性，我们是无法做出非言语反应的）。如果仅对物体的某一属性做出反应，而不以其他任何方式对物体做出反应，那么，这种反应就叫**抽象**（abstract）。抽象思维乃是一种特定环境的产物，而不是认知能力的产物。

作为倾听者，我们会从他人的言语行为中获得一种知识，这种知识可能具有极其重要的价值，它可以让我们免受相倚联系的直接影响。我们可以通过对他人有关相倚联系的说法做出反应，从而学习他人的经验。当有人告诫我们不要做某事，或者建议我们做某事时，谈论知识可能没有什么意义。但是，格言或规则中包含着更为持久的告诫和警告。当我们学习这种告诫和警告时，则可以说我们已经获得了某种特定的关于它们所适用之相倚联系的知识。[5]科学定律就是有关强化性相倚联系的描述，一个懂得科学定律的人不需要置身于它所描述的相倚联系之下就可以做出有效的行为。（当然，他可能对相倚联系有完全不同的感受，这取决于他是遵循某一规则，还是直接置身于相倚联系的影响之下。科学知识是"冷冰冰的"，但它所产生的行为往往和源于个人经验的"温暖"知识同样有效。）

以赛亚·伯林曾谈到过一种特殊的认识感受，据说这种认识感受是詹巴蒂斯塔·维科[6]发现的。它是"这样一种感受，通过这种感受，我知道了什么是贫穷，什么是为事业而奋斗，什么是归属于一个国家，什么是加入或背弃某一教会或政党，什么是念旧感、恐惧感、上帝无所不在的感受，什么是对某一姿势、某件艺术品、某个笑话、某人性格的理解，什么是洗心革面，什么是自欺欺人"。所有这些都是人们有可能通过与相倚联系的直接接触而学会的东西（这些东西不能从他人的言语行为中习得），而且，某些特定的感受毫无疑问与它们有关。但即使是这样，知识也不是以某种方式直接获得的。一个人只有在经历漫长的时间后，才能认识到什么是为事业而奋斗。在这段漫长的时间中，他学会了感知和认识那种被称为为事业而奋斗的事态。

当认识的对象就是认识者本身时，环境的作用尤其微妙。如果没有外部世界来启动认识活动，那我们是不是必须说启动活动的就是认识者自身？当然，这属于意识领域或觉察领域的内容[7]，这个领域是人们常常指责行为科学忽略了的领域。这一指控非常严重，我们应该认真对待。有人说，人之所以有别于其他动物，主要是因为他能"意识到他自己的存在"。他知道自己在做什么；他知道自己有一个过去，也知道自己将拥有一个未来；他能"反思自己的本性"；只有他会遵循"认识你自己"这一古老的强制命令。任何对人类行为的分析如果忽略了这些事实，实际上都是有缺陷的。而有些分析确实忽略了这些事实。所谓的"方法论行为主义"（methodological behaviorism）把自己局限在了可被公开观察的范围内，心理过程可能存在，但由于它本质上不可被公开观察，所以被排除出了科学探究的范围。政治学领域的"行为主义者"以及哲学领域的许多逻辑实证主义者都遵循了相似的研究路线。但是，我们可以对自我观察进行研究，如果我们想对人类行为做出合理、全面的解释，就必须将它纳入研究的范围。有关行为的实验分析极为强调一些关于意识的关键问题，而不是忽略意识。此处问题的关键并不是一个人能否认识他自己，而是他在认识自己时到底认识到了些什么。

这个问题有一部分起因于私人性（privacy）这一无可争辩的事实：人的身体内存在一个小小的世界。否认这个私人世界的存在肯定是愚蠢的行为，但是，如果因为这个世界具有私人性就断言它具有与外部世界完全不同的性质，那也同样愚蠢。私人世界与外部世界的区别不在于构成私人世界的材料不同，而在于它的可接近性。头痛、心痛或内心独白都具有排他的私密性。这种私密性有时会令人苦恼（一个人不可能对自己的头痛视若无睹），但也不一定总会如此。而且，它似乎支持了这样一种主张，即认识就是一种占有。

困难在于，尽管私人性可以让认识者更接近他所认识的东西，但它也会干扰他逐渐认识一切的过程。正如我们在第六章所看到的，让一个孩子学会描述自身感受的相倚联系必定是有缺陷的，言语社会无法利用它教授孩子描述事物的那些方法。当然，也有这样一些自然的相倚联系，在它们的作用之下，我们学会了对私人性刺激做出反应。而且，它们会造就出极为精确的行为。如果我们没有受到自己体内某些部分的刺激，我们就不能跳跃、行走或翻滚。但是，这种行为与意识几乎没有任何的关系。事实上，我们以这些方式做出行为时，大多数时候没有意识到那种我们正对其做出反应的刺激。其他物种显然也会利用类似的私人刺激，但我们并未因此而认为它们拥有意识。"认识"私人刺激不仅仅是指对它们做出反应。

言语社会专职于自我描述的相倚联系。它常常会提出这样一些问题：你昨天做了什么？你现在正在做什么？你明天打算做什么？你为什么要做这件事？你真的想做这件事吗？你对于做这件事有何感受？对这些问题的回答能帮助人们有效地相互适应。而且，正是因为提出了这样一些问题，一个人才得以以某种特定的方式对自己和自己的行为做出反应，这种特定的方式被称为认识或意识。如果没有言语社会的帮助，那么，所有的行为都将是无意识的。意识是一种社会产物。它不仅**不是**自主人的特有领域，而且也不在离群索居者的可及范围之内。

意识也不在任何人的精确范围之内。私人性似乎赋予了自我认识某种隐秘性，因而使得言语社会不可能维持精确的相倚联系。内省词汇就其本质而言是不精确的，而这就是它们在不同的哲学流派和心理学流派中差异如此之大的原因之一。在研究新的私人刺激时，即使是一个经过良好训练的观察者，也会遇到麻烦。（有关私人刺激的独立证据——例如，通过生理测量的手段——使得我们有可能加强那些产生自我观察的相倚联系，同时还附带证实了我们目前的解释。正如我们在第一章所指出的，对于一种将人类行为归因于可观察之内在动因的理论而言，这样的证据不会提供任何的支持。）

强调意识的心理治疗理论通常会赋予自主人以某种重要作用，而事实上只有强化性相倚联系才能适当地、更为有效地发挥这种作用。如果心理问题产生的部分原因是缺乏意识，那么，意识或许有所帮助。如果一个人在"洞察"到自己的状况后能够采取补救措施，那么，这种洞察或许也有用。但是，通常情况下，仅有意识或洞察是不够的，人也可能因为意识或洞察过多而出现问题。一个人不需要意识到自己的行为或控制行为的条件就能做出有效行为——或者做出无效行为。相反，就像癞蛤蟆和蜈蚣的故事所表明的，持续不断的自我观察也有可能是一种阻碍。一位技艺高超的钢琴家如果像初学弹琴的学生那样对自己的行为有清楚的意识，那么，他将演奏不好钢琴。

人们常常根据一种文化鼓励自我观察的程度来对其加以评判。有人说，有些文化只能培养出不具思考能力的人，而苏格拉底则因诱导人们探索其自身本性而备受称赞。但是，自我观察只不过是拉开了行动的序幕。一个人**应该**在何种程度上意识到自身，取决于自我观察对有效行为而言的重要性有多大。只有从它有助于接触导致行为产生的相倚联系这个意义上说，自我认识才具有价值。

自主人的最后堡垒很可能就是那种被称作思维的复杂"认知"活动。由于这种活动非常复杂，我们只能缓慢地根据强化性相倚联系对其做出解释。当我们说一个人能够**辨别**出红色和橙色时，我们的意思是说，辨别是一种心理活动。[8]这个人本身看起来好像什么都没有做，只不过他常常以不同的反应方式来对待红色刺激物和橙色刺激物，但这是辨别的结果，而不是行动的结果。同样，我们说一个人会**概括**——把他自己有限的经验推广到更大的世界中去——但我们所看到的不过是，他用已经习得的对自己小世界的反应方式对更大的世界做出了反应。我们说一个人能**形成某个概念或某个抽象概念**，但我们所看到的只不过是：一些强化性相倚联系使得一种反应受到了某刺激物的某一属性的控制。我们说一个人能**回忆或回想**他的所见所闻，但我们所看到的却仅仅是：当下场合唤起了一个他在另一场合习得的反应。当然，反应的强度很可能有所减弱，或者反应的形式有所改变。我们说一个人把一个词语与另一个词语**联系**了起来，但我们观察到的不过是：一个言语刺激引发了之前对另一个刺激做出的那种反应。然而，我们不能因此而假定那个进行辨别、概括、形成概念或抽象概念、回忆或回想以及建立联系的人是自主人。我们只要指出这些词语并不是指行为的形式，便可以把事情的来龙去脉弄清楚了。

不过，一个人在解决问题[9]时，可能会采取明确的行动。在玩智力拼图游戏时，他可能会四处移动零片，以寻求更多的机会找到那块合适的零片。在解方程式时，他可能会进行移项、通分、求根等操作，以寻求更多的机会找到一个他已经学会如何求解的方程式。富有创造性的艺术家可能会操作某种中介物，直到感兴趣的事物出现为止。这些解决问题的活动，大多是以内隐的方式进行的。因此，人们有可能将其划归为一个不同的维度系统，认为它是一个私人的内在过程。但实际上，它一直都完全可以以外显的方式进行，这样做的速度很可能会慢一些，但效果却往往更佳。而且，除了极少数的例外情况，它都必须通过外显的方式才能习得。文化常常会通过创设特定的相倚联系来促进思维。它通过让不同强化作用之间的区别变得更为精确,从而教会人们如何对其做精细的辨别。它教给人们解决问题的技巧。它给人们提供了各种规则,使得人们没有必要直接受到相倚联系的影响(规则就是从这些相倚联系中推导得出的)。而且,它还给人们提供了如何发现规则的规则。

自我控制或自我管理是一种特殊的解决问题的行为,它像自我认识一样,也会引起各种与私人性相关的问题。我们在第四章曾讨论过一些与厌恶性控制有关的技术。造就解决问题之行为的毫无例外始终都是环境,甚至在解决人体内私人世界中的问题时也是如此。迄今为止,没有人曾对解决问题的行为进行过任何富有成效的研究,但我们不能因为分析的不充分就干脆倒退回去,转而求助于神秘莫测的心灵。如果我们对强化性相倚联系的理解还不足以解释一切思维现象,那我们就必须记住,诉诸心灵根本解释不了任何东西。

在将控制从自主人身上转移到可观察之环境时,我们并没有因此而声称有机体是空洞的。人体内进行的活动非常多,而生理学最终会告诉我们更多有关这些活动的情况。[10] 我们可以证明行为是先期事件的功能,而生理学能解释为什么行为与先期事件有着如此密切的关联。不过,并非所有生理学家都能正确理解这一任务。许多生理学家认为他们的工作是寻找心理事件的"生理相关物"。他们认为,生理学研究只不过是一种更为科学的内省。但是,生理学技术当然不是为了探查或测试人格、观念、态度、情感、冲动、思想或目的而设计的。(如果它们是为此而设计的,那么,除了第一章中提出的两个问题外,我们还必须回答第三个问题:人的人格、观念、情感或目的怎么能对生理学家的仪器产生影响?)当前,无论内省还是生理学都不能十分恰当地说明一个人在行为之时，他的体内究竟发生了什么。由于内省和生理学都是指向内在的，它们会带来同样的结果——使人注意不到外在环境的作用。

许多有关内在人的误解都来自贮存（storage）这个比喻。进化史和环境史通常会改变有机体，但它们并不会贮存在有机体身上。因此，我们常常能观察到婴儿吮吸母亲的乳房。而且，我们很容易就会设想这样一种强烈的倾向具有生存的价值。但当我们将"吮吸本能"视为婴儿所拥有的某种东西（正是这种东西使得婴儿做出吮吸行为）时，我们所暗指的东西就远不止这么多了。如果我们从这个意义上理解"人的本性"或"遗传素质"概念，其结果便相当危险了。在婴儿身上和原始文化中，环境相倚联系的作用不太可能掩盖遗传素质的作用。从这个意义上说，相比于成年人和先进文化，婴儿和原始文化能让我们更清楚地看到人性的本来面目。因此，人们很容易以富有戏剧色彩的说法提出，早期进化阶段仍以隐蔽的形式留存在人的身上：人是无毛的猿猴，而且，"旧石器时代那种公牛般的野蛮性[11]至今依然留存在每个人的内在自我中，不管什么时候，只要人在社会舞台上表现出具有威胁性的姿态，那都是因为内心之中那头公牛仍然在刨抓着大地"。但是，解剖学家和生理学家不会在人身上找到猿猴、公牛，或者换种说法，他们不会在人身上找到本能。他们所能找到的是作为进化史之产物的解剖学特征和生理特征。

此外，人们常常认为，个体的个人经历也会贮存在他自己身上。因为"本能"可以被解释为"习惯"。但我们不能因为某人有抽烟行为便断定他有抽烟习惯，后者所包含的内容比前者多得多。要断定一个人是否有抽烟习惯，我们还必须了解其他的信息，如使得他大量抽烟的强化物和强化程式。相倚联系并没有贮存在人的身上，它们只是让一个人发生了改变。

人们常常说，环境以记忆的形式贮存在了人的身上：我们要回忆某件事情时，通常会搜寻这件事情在头脑中的摹本。于是，这个摹本常常就会被人视作当时所看到的事情原样。不过，据我们所知，**在任何时候**，甚至所观察的事物就在眼前时，个体身上都不存在这样的环境摹本[12]。有人说，更为复杂之相倚联系的产物也会贮存在人的身上。一个人在学习说法语时需要掌握一整套技能，这套技能就被称为"法语知识"。

还有人认为，性格特征不论是来源于生存性相倚联系，还是源自强化性相倚联系，都会贮存在人身上。福利特[13]在《现代美语习惯用法》中举了一个让人觉得奇怪的例子："当我们说**他勇敢地面对这些逆境**时，我们想都不用想便能意识到：勇敢是人的特性，而不是'面对'的特性。一个勇敢的举动其实是对这样一种行为的充满诗意的简洁表达：一个人通过做出这种行为来展现自己的勇敢。"但是，我们之所以说一个人很勇敢，是因为他的行为体现了这种特征，而且，当周围环境诱使他勇敢采取行动时，他也能这么做。环境改变了他的行为，而不是向他灌输了某种特性或美德。

哲学见解也经常被说成人所拥有的东西。有人提出，一个人之所以以某些特定的方式表现出言行，是因为他拥有一种特定的哲学——如唯心主义、辩证唯物主义或加尔文主义。这种类型的术语概括了现在难以追溯之环境条件的作用，但这些环境条件肯定存在过，因此不应该被忽视。一个拥有"自由哲学"的人其实是一个被自由文献以某些方式改变了的人。

这个问题在神学中占有奇妙的地位。人是因为邪恶才犯罪，还是因为犯了罪才邪恶？[14]事实上，这两种问法都不能说明任何有用的东西。说一个人是因为犯了罪才邪恶，其实是给犯罪下了一个操作性定义。而说一个人是因为邪恶才犯罪，也只不过是把他的行为归咎到了一种假想的内在特性上。但是，一个人是否会做出那种被称为犯罪的行为，通常取决于上述两种问法都没有提及的环境条件。我们在强化作用的历史中可以看到一种被视为内在所有物的罪恶（即一个人"认识到"的罪恶）。("敬畏上帝"的说法就表明了这样一段历史，但虔诚、美德、上帝的内在性、道德感或道德这些术语则不能表明这一点。正如我们已经看到的那样，人并非因为他具有某种特殊的特性或美德而成了一种道德动物。他之所以能够以道德的方式采取行为，是因为他创造了一种促使他这样做的社会环境。）

这些区别具有相当重要的实际意义。据说，最近一项对美国白人的调查表明："超过一半的美国白人都把黑人低下的教育状况和经济地位归咎于'黑人自身的某种东西'[15]。"他们还进一步把这"某种东西"确定为"缺乏动机"，这种东西**既**不同于遗传因素，**也**不同于环境因素。他们认为，动机是一种与"自由意志"密切相关的东西，这一点意义重大。通过这种方式忽略环境的作用，实际上就是不鼓励人们去探究那些导致"缺乏动机"的有缺陷的相倚联系。

一项对人类行为的实验分析应该剥夺之前赋予自主人的那些功能，并将它们一个一个地转移到控制性环境上。这是实验分析的本质所决定的。这种分析使得自主人能做的事情变得越来越少。但是，人自身究竟是怎样的呢？难道人仅仅是一个活着的躯体，难道他身上没有更多的东西吗？如果不存在一种被称为自我（self）的东西，那我们怎么能谈论自我认识或自我控制呢？"认识你自己"这一强制性命令又是向谁发出的？

一个年幼孩子的身体只不过是他周围时时刻刻、日日夜夜都保持不变（idem）的环境的一部分，这个事实是对孩子产生影响的相倚联系中非常重要的一个部分。当他学会把自己的身体和周围世界区别开来时，我们就说他发现了自己的**同一性**（identity）。早在社会教他如何赋予不同事物以不同名称并将"我"与"它"或"你"区分开来之前，他就已经发现了自己的"同一性"。

自我[16]就是一整套与某一既定系列的相倚联系相适应的行为。一个人置身于其中的大部分环境条件都可能会发挥支配性作用，而在其他环境条件下，一个人则可能会报告说，"我今天不是我自己（即，我今天不在状态）"，或者"你说我做了这样的事情，那是不可能的，因为那不像我"。赋予自我的同一性通常来源于导致行为产生的相倚联系。不同系列的相倚联系会产生两种或两种以上的行为，而后者又会构成两个或两个以上的自我。一个人往往拥有一种适合与朋友共处的行为，同时拥有另一种适合与家人共处的行为。他的朋友如果看到他与家人相处的情景，可能会觉得他好像完全变了一个人；同样，他的家人如果看到他与朋友相处的情景，也会有这种感觉。当两种情形混合到了一起，例如，当一个人发现自己在同一时间必须既要与家人相处，也要与朋友相处时，同一性问题就出现了。

从这个意义上说，自我认识和自我控制就表明了两个不同的自我。自我认识者几乎可以说都是社会性相倚联系的产物，但他所认识的自我却可能产生于其他来源。实施控制的自我（controlling self，即良心或超我）通常具有社会根源，而被控制的自我（controlled self，即伊底或罪恶本性）则更可能是对强化作用之遗传易感性的产物。实施控制的自我通常代表了他人的利益，而被控制的自我则代表了个人的利益。

从科学分析展现了一系列复杂行为这个意义上说，它所展现的画面并不是一个内在人的身体，而是作为一个人的身体。当然，这幅画面很多人都不熟悉。因此，它所描述的那个人就是一个陌生人，而且从传统的观点看，这样的人看起来可能根本就不算是人。约瑟夫·伍德·克鲁奇[17]曾说过："至少一百年来，我们对每一种理论都持有偏见，包括经济决定论、机械行为主义、相对主义等，认为它们不断降低人的地位，直到人变得不能再被称为上一代人文主义者所承认的那种意义上的人。"马特森[18]也曾提出："经验主义行为科学家……否认一种被称为人的生物的存在，至少他们曾做过这样的暗示。"马斯洛[19]也说："现在受到攻击的正是人这种'存在'。"C. S. 刘易斯[20]则非常直白地指出：人正在消亡。

要确定这些说法中所指的人究竟是什么，显然有困难。刘易斯所指的不可能是人类，因为人类不仅没有消亡，而且在地球上的数量正日益增多。（因此，人类最终可能会因为疾病、饥饿、污染或核灾难而消亡，但这绝不是刘易斯所说的意思。）人类个体也没有变得越来越没有效率或越来越没有创造力。我们被告知，真正受到威胁的是"作为人的人""人性化的人""作为'你'而非'它'的人"或者说"作为人而非物的人"。所有这些说法都不会给我们很大的帮助，但它们能提供线索。其实，真正正在消亡的是自主人——内在人、小人、附体的魔鬼，也就是有关自由与尊严的文献所捍卫的人。

这种意义上的人早就该消亡了。自主人是一种用来解释我们无法用任何其他方式加以解释的东西的手段。它之所以被虚构出来，是因为我们的无知。随着我们对人的理解不断加深，构成自主人的基础正在消失。科学并不会让人失去人性，它只会促使人不要成为小人，科学要想阻止人类的消亡，它就必须这样做。我们都乐意摆脱"作为人的人"。只有摆脱作为人的人，我们才能找到人类行为的真正原因。只有这样做，我们才能从臆断转向客观观察，从超自然转向自然，从无法理解之物转向可操作之物。

人们常常说，这样做时，我们必须把存活下来的人当成一种纯粹的动物。"动物"是一个贬义词，但这只是因为"人"不合逻辑地成了一个敬语。克鲁奇曾提出，虽然传统的观点支持哈姆雷特的惊叹，即"人多么像一个神灵"，但行为科学家巴甫洛夫则强调"人多么像一条狗"。事实上，这是一种进步。神灵是解释性虚构物、创造奇迹之心灵以及形而上学的原型模式。人当然有很多超越于狗的地方，但他跟狗一样，都是科学分析的对象。

诚然，对行为的实验分析主要关注的是较为低等的有机体。这些实验分析通过使用特殊的物种，将遗传方面的差异降到了最低程度。整个环境史很可能从被试出生的那一刻就得到了控制。被试在长期的实验过程中始终接受严格的、一成不变的实验方案。而所有这一切都不可能适用于对人类行为的分析。此外，在对较为低等的动物进行实验分析时，科学家不太可能将他自身对实验条件的反应混入他的实验数据中，或者说，不太可能着眼于其对他自身的作用来设计相倚联系，而是着眼于其对他所研究之实验有机体的作用来设计。生理学家以动物为对象研究呼吸、生殖、营养或内分泌系统时，没有人会因此而感到不安。他们这么做的目的是利用动物与人之间的许多相似之处。科学家们正不断地揭示动物行为与人类行为之间的类似之处。当然，那些研究低等动物的方法始终存在这样一种危险，即它们只注重动物与人所共有的特征。不过，只有在对非人类被试进行研究之后，我们才有可能找到人区别于其他动物的"本质"。有关自主人的传统理论夸大了物种之间的差异。目前正在进行的一些研究表明，有些复杂的强化性相倚联系会使低等动物产生某种行为，而如果被试是人的话，传统的观点就会认为，这种行为与高级心理过程有关。

用机械的术语来分析人的行为，并不会使人变成一台机器。正如我们已经看到的，早期的行为理论曾把人描绘成一种推拉式的自动化装置。这种观点与19世纪的机器观极为相似。不过，这方面的理论目前已经取得了很大进展。人是一个按规律方式表现行为的复杂系统，从这个意义上说，人是一台机器，但这个系统的复杂性异于寻常。人具有根据强化性相倚联系进行调整的能力，我们或许最终可以制造出能模仿这种能力的机器，但这一目标至今尚未实现。即使制造出了这种机器，人这种被模仿的生命系统也会在其他方面保持独一无二的地位。

诱导人们使用机器，也不会让人变成一台机器。有些机器要求操作它们的人重复做出单调的行为，我们当然会尽可能地避开这种类型的机器，但其他机器却极大地提升了我们应对周围世界的有效性。一个人可以借助电子显微镜观察非常微小的事物，可以借助射电望远镜对非常庞大的事物做出反应，而在那些只凭借自身感官对周围世界做出反应的人眼里，他这样做看起来好像很不人性。一个人可以利用微型操纵器的精确计算或航天火箭的射程和功率作用于环境，而在那些仅依赖于自己的肌肉收缩的人眼里，他的行为看起来好像很不人性。（一直以来都有人争辩说，操作实验室中使用的装置往往会歪曲自然的行为，因为它引入了一种外来的力量[21]，但人们在放风筝、划船、拉弓射箭时也利用了外在力量。如果人们只利用自己肌肉的力量，那么，他们就不得不舍弃迄今为止所取得的几乎所有的成就，而仅保留极小的一部分。）人们通常在书籍及其他媒介物上记录自己的行为，而在那些仅凭头脑记录自身行为的人看来，他们这种记录行为的做法似乎很不人性。人们常常用规则以及操作规则之规则的形式来描述复杂的相倚联系，他们还将这些规则化的相倚联系引至"思考"速度惊人的电子系统中，而在那些仅凭自己头脑进行思维的人看来，这种做法是非人性的。所有这一切都是人们利用机器完成的，如果他们不这么做的话，他们将不能被称为真正意义上的人。事实上，在这些装置发明之前，有种行为比今天还要普遍得多，我们现在称这种行为为如机器般的行为（machine-like behavior）。棉花田里的奴隶、高凳上的管账先生、俯首听命于教师的学生——这些才是真正的像机器一样的人。

当机器做了一直以来由人所做的事情时，机器便取代了人。而且，这可能会带来非常严重的社会后果。随着技术的发展，机器将取代越来越多的人的功能，但这也只是从某个方面来说的。我们制造的机器减少了环境中的某些厌恶性特征（例如，艰辛的劳动），并产生了更多的正强化物。我们之所以制造这些机器，正是因为它们能做到这一点。我们没有理由去制造会因为这些结果而受到强化的机器，否则，受到强化的将是机器，而不是我们自己。如果人类制造的机器最终使人成了完全多余的存在，那将纯属意外，绝非有人有意设计。

自主人的一个重要作用是给人的行为指明方向。人们常常说，如果内在人消亡，那么，人将丧失其目的。就像一位作者写下的："由于一门科学的心理学必须客观地将人的行为看成是由必然规律所决定的，它必须把人类行为描绘成是无意的。"不过，"必然规律"只有在专门指先行条件时，才会产生这种作用。意图和目的通常指精心选择的结果，而这些选择性结果的作用可以用"必然规律"来加以阐释。地球表面存在各种形式的生命，这些生命形态有目的吗？这是否就是有意设计的证据呢？灵长类动物在进化过程中长出了手，是**为了**可以更为成功地操作事物，但这一目的并不是先前某种设计所规定，而是在自然选择的过程中被发现的。同样，我们可以通过操作性条件作用使手熟练地操作某个动作，但这个目的也是在该动作所引起的结果中被发现的。一位钢琴家之所以能习得并践行熟练弹奏琴键的行为，并不是因为他先前便有这样的意图。熟练弹奏琴键的行为因为许多原因而起着强化作用，是它们选择了钢琴家熟练的动作。不论人手的进化还是人手的习得性用法，都没有任何先期的意图或目的。

目的论主张退回到了遗传变异这个更为隐秘晦暗的领域，它似乎因此而得到了加强。雅克·巴尔赞曾提出，达尔文和马克思不仅忽略了人的目的，而且还忽视了导致变异的创造性目的，自然选择就是利用这些变异才得以进行的。就像一些遗传学家所指出的那样，事实可能是：变异并不完全都是随机、偶然的，但变异的非随机性并不一定能证明造物主的存在。当遗传学家为了使某一有机体更为成功地适应某些特殊的条件而精确地设计它的变异时，变异就不再是随机的了，而遗传学家因此也似乎扮演了进化前的理论所虚构之造物主的角色，但他们从事这项工作的目的必须从其文化和社会环境中寻找，文化和社会环境会促使他们去改变有机体的遗传特征，以使其适应生存性相倚联系。

生物学目的和个体目的之间通常存在一种差异，那就是，后者是可以被感受到的。没有人能感受到人手进化的目的,但从某种意义上说,一个人可以感受到他练习流畅地弹奏琴键的目的。不过,他之所以练习流畅地弹奏琴键,并不是**因为**他感受到了这样做的目的。他所感受到的不过是他的行为的副产品,且这种副产品通常与其行为的结果有关。人手是在一定的生存性相倚联系的作用下进化而成的,个体当然观察不到人手与这些相倚联系之间的关联。不过,个体却可以观察到行为与产生该行为的强化性相倚联系之间的关联。

一项对行为的科学分析通常会使自主人消亡,并将一直以来据说由自主人实施的控制移交给了环境。这样一来,个体似乎就变得特别容易受到伤害。从此,他会受到周围环境的控制,而且在很大程度上会受到他人的控制。这样一来,他难道就纯粹只是一个受害者了吗?人当然是受害者,就像他无疑是施害者一样。不过,"受害者"这个字眼的含义太过强烈。它隐含了"掠夺"的含义,而"掠夺"绝不是人与人之间相互控制的必然结果。但是,即使在仁慈的控制之下,个体是不是至多也只能充当隔岸观火且无力做任何事情的旁观者?他"为了控制自己的命运而展开的长期斗争难道不会陷入死胡同"吗?

实际上,陷入死胡同的只有自主人。人自身可能会受到周围环境的控制,但周围的环境几乎全部都是由他自己创造的。大多数人的物质环境基本上是人造的。人行走的路面,为他遮风挡雨的墙壁,他所穿戴的衣着、所吃的大量食物、所使用的工具、所乘坐的交通工具,以及他所听到、看到的大多数事物,都是人类的产物。社会环境显然是人造的——它会产生一个人所说的语言,产生他所遵循的习俗以及他在控制他的伦理制度、宗教制度、政府制度、经济制度、教育制度和心理治疗制度等方面表现出来的行为。文化的演进事实上是一种规模宏大的自我控制行为。就像个体往往通过操纵他所生活的世界来控制他自己一样，人类也创设了一种能使其成员在其中以高效方式行事的环境。我们曾犯过错误，而且，我们也不能保证人所创设的环境将一直使人的所得大于所失。但正如我们所了解的，不论结果好坏，人始终都是人所造就的人。

这种状况并不会使那些哭喊着是"受害者"的人感到满意。C. S. 刘易斯抗议说："……人有按照自己的意愿塑造自己的权能……就意味着……一些人有按照他们的意愿塑造其他人的权能。"从文化演进的本质看，这是不可避免的。我们必须把施控的自我与被控制的自我区别开来，甚至当这两种自我同居于一个躯体之内时，也是如此。当人们通过对外部环境的设计来实施控制时（除了少数几个例外情况），这两种自我的区别尤其明显。一个有意或无意地引入某种新文化习俗的人，只不过是数量很可能达数十亿、受该习俗影响的人当中的一个。如果这看起来不像是一种自我控制的行为，那只是因为我们误解了个体之自我控制的性质。

当一个人"蓄意"改变自己的物质环境或社会环境时——为了改变人的行为（可能包括他自己的行为）而改变环境时——他通常扮演了两个角色：一个是控制者，即一种控制性文化的设计者；另一个是被控制者，即一种文化的产物。关于这一点，没有任何不一致的地方。不管是有意设计的还是无意设计的，这都是由文化演进的实质决定的。

自有史以来，人类很可能并未经历过什么重大的遗传变化。我们只需往回追溯一千代，追溯到拉斯科洞穴的艺术家那里，便足以说明这一点。在相隔一千代人的今天，一些与生存直接相关的特征（如抵抗疾病的能力）已经发生了根本的改变。但一个拉斯科洞穴艺术家的孩子如果降生在当今世界，那他可能与一个现代的孩子几乎没什么区别。可能他的学习速度会比现代的孩子慢一些，或许他只能清楚掌握一小部分技能，又或者他遗忘的速度可能比现代的孩子快一些。对于这一切，我们都无法确定。但我们可以确定一点：如果一个20世纪的孩子降生在拉斯科文明中，他和他在那里遇到的孩子将不会有多大的区别，因为我们清楚一个现代的孩子在贫困环境中的生长情况。

人往往会改变他所生活的世界，而且在改变世界的同时，他也会极大地改变作为人的自身。现代宗教习俗的发展大约经历了一百代人的时间，现代政府和法律的发展也经历了同样长的时间。现代工业实践的发展很可能只经历了二十代人的时间，而现代教育和心理治疗的发展最多只经历了四五代人。物理技术和生物技术增强了人们对周围世界的敏感性以及改造周围世界的能力，但这些技术的发展至多也只经历了四五代人的时间。[22]

"控制自己的命运"这种说法如果有什么意义的话，那么可以说是，人已经"控制了自己的命运"。人所造就的人，其实是人所设计之文化的产物。他产生于两种完全不同的演进过程：负责人类种族的生物进化过程，以及由人类物种所进行的文化演进过程。现在，这两种演进过程的速度都可以加快，因为我们可以对这两种过程进行有意的设计。人们通过选择性繁殖和改变生存性相倚联系，已经改变了自己的遗传素质。而且，他们现在还可以开始引入与生存直接相关的变异。长期以来，人们一直不断引入作为文化变异的新习俗。而且，他们已经改变了选择习俗的条件。今天，他们可以在更为清醒地意识到结果的情况下同时开始进行这两项工作。

人很可能会继续发生变化，但我们无法断定这种变化会朝哪个方向进行。没有人能在人类种族的进化初期便预见到人类的发展。而且，我们对遗传的有意设计朝哪个方向发展将取决于一种文化的演进情况，而文化演进本身因同样的原因也无法预测其方向。埃蒂耶纳·卡贝[23]在《伊加利亚旅行记》一书中指出："人类完美的极限至今仍是个未知数。"不过，这些极限毫无疑问并不存在。人类在灭绝——"有人预言人类将在大火中灭绝，有人预言人类将在寒冰中灭绝"，也有人预言人类将绝于辐射——之前，将永远都不会达到一个完美的状态。

个体在所属物种[24]中占有一席之地，同样，他在文化中也占一定的地位。而在早期的进化理论中，个体的地位问题曾引起过激烈的争论。物种是否只是个体的一种类型？如果是的话，那它又从何种意义上进化而来？达尔文本人就曾宣称，物种"是分类学家的纯粹主观的发明"。如果没有个体的集合，物种就不可能存在，家庭、部落、种族、民族或阶级也都是如此。如果脱离了维持文化习俗之个体的行为，文化也不可能存在。采取行动的一直都是个体，作用于环境且因自身行动之结果而发生改变的是个体，维持社会性相倚联系的也是个体（这些社会性相倚联系就是文化）。因此，个体既是人类物种的载体，也是文化的载体。像遗传特征一样，文化习俗也是由个人传递给个人的。一种新的习俗就像一种新的遗传特征一样，最早也是出现在某个个体身上的。如果它有助于该个体的生存，那它很可能就会被传递开来。

然而，个体至多只是众多发展路线的汇集地，它们在个体身上组成了一个独一无二的集合体。个体的个别性是毋庸置疑的。

他体内的每一个细胞都是一种独特的遗传产物，就像个别性的经典标志——指纹一样独特。甚至在组织最为严密的文化中，每一个人的经历也都是独特的。任何有意设计的文化都不能消除这种独特性，而且正如我们已经看到的，任何旨在消除独特性的努力都是糟糕的设计。但是，个体依然只是一个漫长过程中的一个阶段，这个过程在个体出生之前就早已存在，且在他死后将继续长期存在。个体对某一物种特征或文化习俗通常并不负终极责任，即使是他经历了作为物种一部分的变异，或者即使是他引入了作为文化一部分的习俗，也是如此。就算拉马克的推断是正确的，即个体可以通过自身努力改变遗传结构，我们也必须指出环境条件对这种努力所产生的重要影响，就像遗传学家着手改变人的遗传素质时，我们也必须指出，促使他们这么做的正是他们身处的环境条件。当个体对一种文化习俗进行有意设计时，我们必须求助于文化，因为正是文化促使他这样做并给他提供了他所利用的技术和科学。

个人主义（individualism）面临的最大问题是死亡——它是个体无法逃避的命运，是对自由和尊严的致命打击，但很少有人认识到了这一点。死亡是行为的远期结果之一，而行为的远期结果只有在文化习俗的帮助之下才会对行为产生影响。我们看到的往往是他人的死亡，对此，帕斯卡尔有一个著名的比喻："试想有一群戴着镣铐的人，他们全被判了死刑。每一天，他们当中都有一些人在他人的注视之下被屠杀。那些暂时还活着的人从被屠杀的同胞身上看到了自己的命运，他们悲伤、绝望地看着彼此，等待自己末日的来临。这就是人类境况的图景。"有些宗教描绘了未来在天堂或地狱的生活，从而增强了死亡的重要性，但个人主义者却有特别的理由惧怕死亡。造成他们惧怕死亡的原因不是

第九章 | 人是什么

某种宗教，而是有关自由与尊严的文献。他们的特别理由就是个人彻底湮灭的前景。个人主义者无法从反思那些使他幸存下来的贡献中找到任何的慰藉。他拒绝为他人利益效力，因此他不会因这样一个事实而受到强化，即那些得到过他帮助的人将活得比他长久。他拒绝关心他所隶属之文化的生存，因此他不会因这样一个事实而受到强化，即文化将在他死后长期存在。为了捍卫自己的自由和尊严，他拒绝承认过去的贡献，因此也必定会放弃对未来的一切要求。

科学或许从来没有要求人们更加彻底地改变以传统的方式思考某一学科的做法，而且迄今为止，可能也没有出现过一门比科学更为重要的学科。在传统的观点看来，一个人会感知他的周围世界，选择即将感知的特征，区分出这些特征并判断其好坏，同时改变这些特征使其变得更好（或者，如果他粗心大意的话，则会使其变得更坏），他可能需要为自己的行为负责，并因自己行为的结果而公正地受到奖励或惩罚。而在科学的观点看来，一个人是人类物种中的一员（人类物种由进化过程中的生存性相倚联系塑造而成），他所表现出来的行为过程会将他置于他所生活之环境的控制之下，而且在很大程度上会将他置于社会环境的控制之下，而社会环境又是他以及数百万像他这样的人在文化演进过程中建构并维持下来的。传统观点主张个人控制着世界，而在科学观点中，这种控制性关系的方向颠倒了：一个人不会作用于他的周围世界，而是世界作用于个人。

我们很难仅立足于理性立场便接受这样一种改变，而且几乎不可能接受这种改变的含义。传统主义者对此的反应通常可以用情感来描述。其中有一种情感是受伤的虚荣心（wounded

>> 191

vanity），弗洛伊德主义者曾用它来解释那种对精神分析的抗拒态度。就像欧内斯特·琼斯[25]所说的，弗洛伊德本人就曾详细阐述过："人类的自恋或自爱倾向曾遭受来自科学的三次重大打击：第一次是哥白尼的宇宙观，第二次是达尔文的生物进化论，第三次是弗洛伊德的精神分析心理学。"（给人类打击的实质上是这样一种信念，即人的内心深处有某种东西，它能洞悉人内心之中所发生的一切；人还拥有一种工具叫权力意志，他可用它来指挥和控制人格的其他部分。）但受伤的虚荣心有哪些迹象或症状呢？我们应该怎样解释这些迹象或症状？其实，人们对于这样一种关于人的科学观所做的一切只不过是称其为错误的、卑贱的、危险的，对它加以反驳，并攻击那些提倡或捍卫它的人。他们这样做并非出于受伤的虚荣心，而是因为科学阐述已经破坏了他们习以为常的强化物。如果一个人再也不能因为他的所作所为而赢得赞赏或羡慕，那么，他的尊严或价值似乎就会遭受损害，他以前曾被赞赏或羡慕所强化的行为也将灭绝。而灭绝常常会导致侵略性的攻击。

这种科学观还有另外一种影响，人们常常将这种影响描述为信念或"勇气"的丧失、怀疑感、无力感、灰心丧气、萎靡不振或失望沮丧。有人说，这样一来，一个人便会觉得他对自己的命运无能为力。但是，他真正感觉到的乃是那些不再能受到强化的旧反应的逐渐衰退。当长期确立下来的言语技能被证明毫无用处时，人们确实会有"无能为力"之感。例如，有一位历史学家[26]曾抱怨说，如果我们把人的行为"仅仅看作物质条件作用和心理条件作用的产物，从而不予以考虑"，那么就没有什么可写的了；"变化至少有一部分必定是意识心理活动的结果"。

再有一种影响就是怀旧感（nostalgia）。当人们抓住并夸大了现在与过去之间的相似之处时,旧有的技能便会涌现出来。人们常常说过去的岁月是美好的往昔,此时,人们认识到了人的固有尊严和精神价值的重要性。过时行为的这样一些片段常常"让人怀念"——它们已变成越来越难以取得成功的行为。

当然,这些对一种关于人的科学概念的反应会让人感到遗憾。它们会使那些心怀美好愿望的人停滞不前,而任何关心其文化之未来的人都会尽其所能地纠正它们。没有哪种理论会改变它所研究的对象。任何事物都不会因为我们审视它、谈论它或以一种新的方式分析它而有所改变。济慈曾因牛顿对彩虹的分析而备感困惑[27],但彩虹依然像过去一样漂亮。甚至在许多人眼里,它变得比过去更漂亮了。人也不会因为我们审视他、谈论他或以科学的方法分析他而有所改变。他在科学、政治、宗教、艺术、文学等方面的成就依然如故,他依然会被人们所羡慕,就像一个人羡慕海上的风暴、秋天的落叶或高山的巅峰一样。人们不会管它们来源于哪里,也不会受科学分析的影响。我们所能改变的只是我们对某一理论的研究对象做点什么的机会。牛顿对彩虹之光的分析是走向发明激光的重要一步。

关于人的传统概念是谄媚式的,它赋予了人强化的特权。因此,它极易获得维护并很难被改变。设计这种概念的目的是把个体塑造成反控制的工具,但只有通过限制人类进步的方式,它才能有效地做到这一点。有关自由和尊严的文献关注的是自主人,我们已经看到这些文献是怎样使得惩罚性措施永久存在的,又是怎样纵容那些微弱的非惩罚性技术的使用的。而且,要证明人类追求幸福的无限权利与无节制生育、以耗尽资源和污染环境为代价的无节制富裕,以及迫近的核战争危险等大灾难之间的联系,也并不困难。

物理技术和生物技术缓解了瘟疫、饥荒以及日常生活中许多让人痛苦、充满危险且使人精疲力竭的状况，而行为技术也将能缓解其他类型的问题。我们因分析人类行为而获得的地位，完全有可能超过牛顿因分析光而取得的地位，因为我们已经开始应用行为技术。我们有各种取得成功的绝妙可能性——比之前任何时候都要奇妙，因为传统的技术已起不了什么作用。我们很难想象有一个这样的世界，在其间，人们和睦相处，从不争吵；他们自给自足，自己生产所需的食物，自己建造所需的房屋，自己制作所需的衣物；他们快乐地生活着，并通过艺术、音乐、文学、体育运动等增强他人的快乐感受；他们会合理地消耗世界上的部分资源，尽可能不增加对环境的污染；他们生育孩子的数量会控制在自己的抚养能力范围之内；他们会不断探索周围世界，寻找更好的应对世界的方法；他们会不断提高对自己的正确认识，从而有效地进行自我管理。不过，所有这一切都是有可能实现的，甚至一丝丝的进步迹象也会带来某种变化。而从传统的视角，人们可以说，这种变化可抚慰受伤的虚荣心，补偿绝望感或怀旧感，纠正"我们什么都不能也不必为自己做"的印象，并通过建立"一种自信心和价值感"来提升"自由与尊严感"。换句话说，这种变化会极大地强化那些在文化的引导下为文化之生存而努力的人。

一项实验分析将决定行为的因素从自主人转移到了环境上——环境既要为人类物种的进化负责，也要负责让每一个人类成员习得技能。早期的环境论观点之所以不恰当，是因为它们不能解释环境如何起作用。而且，它们似乎将许多现象都归因于

第九章 | 人是什么

自主人。不过,环境相倚联系现在接管起了曾被归于自主人的功能。只是这样一来,有些问题就出现了。人因此而被"消灭"了吗?作为人类成员的人或作为人类个体的人当然不会被消灭。被消灭的是自主的内在人,而这是向前发展的重要一步。但倘若如此,人是不是就成了纯粹的受害者或被动的观察者,只能眼睁睁地看着所发生的一切却无能为力呢?人的确会受到周围环境的控制,但我们必须记住,环境在很大程度上是人自己创造的。一种文化的演进实际上是一种规模宏大的自我控制行为。人们常常说,一种关于人的科学观点会导致受伤的虚荣心、绝望感和怀旧感。但是,没有哪种理论会改变它所研究的对象,人依然是他一直以来的样子。一种新理论可以改变的只不过是我们对其研究对象所做的事情。一种关于人的科学观点提供了各种让人兴奋的可能性。我们至今尚未看到人到底将人造就成了什么样子。

注 释

注释部分列出了本书所引用的参考文献及其他的评论，本书还引用了作者撰写的其他著作中有关某些主题的进一步讨论，具体如下：

BO 《有机体的行为：一项实验分析》(*The Behavior of Organisms: An Experimental Analysis*, New York: Appleton-Century-Crofts, 1938)

WT 《瓦尔登湖第二》(*Walden Two*, New York: Macmillan, 1948)

SHB 《科学与人类行为》(*Science and Human Behavior*, New York: Macmillan, 1953)

VB 《言语行为》(*Verbal Behavior*, New York: Appleton-Century-Crofts, 1957)

SR 《强化程式》(*Schedules of Reinforcement*, with Charles B. Ferster, New York: Appleton-Century-Crofts, 1957)

CR 《累积记录》(修订版)(*Cumulative Record, Revised Edition*, New York: Appleton-Century-Crofts, 1961)

TT 《教学技术》(*The Technology of Teaching*, New York: Appleton-Century-Crofts, 1968)

COR 《强化性相倚联系：一种理论分析》(*Contingencies of Reinforcement: A Theoretical Analysis*, New York: Appleton-Century-Crofts, 1969)

注释

第一章

[1] C. D. Darlington, *The Evolution of Man and Society*. 引自 *Science*, 1970, I68, 1332。

[2] "原因"(cause) 在复杂的科学著作中，19世纪科学中的推拉式因果关系已不常见。从技术上讲，这里所说的原因指的是自变量，而作为因变量的行为是它的一个函数。参见 *SHB*, chap. 3。

[3] 关于"附体"(possession)，参见 *COR*, chap. 9。

[4] Herbert Butterfield, *The Origins of Modern Science* (London: 1957).

[5] Karl R. Popper, *Of Clouds and Clocks* (St. Louis: Washington University Press, 1966), p. 15.

[6] Eric Robertson Dodds, *The Greeks and the Irrational* (Berkeley: University of California Press, 1951).

[7] 心理与行为（mind and behavior） 参见 *COR*, chap. 8。

[8] William James, "What Is an Emotion?" *Mind*, 1884, 9, 188-205.

[9] 环境的作用（the role of the environment） 参见 *COR*, chap. 1。

[10] René Descartes, Traité de l'homme (1662).

[11] "终生都在受刺激或鞭策"(prodded and lashed through life) E. B. Holt, *Animal Drive and the Learning Process* (New York: Henry Holt & Co., 1931).

[12] "操作性"行为（"operant" behavior） 参见 *SHB*, chap. 5。

[13] 操作性行为的实际运用 (practical applications of operant behavior) 参见 Roger Ulrich, Thomas Stachnik, and John Mabry, eds., *Control of Human Behavior*, vols. 1 and 2 (Glenview, Ill.: Scott,

Foresman & Co., 1966 and 1970)。

[14] Joseph Wood Krutch, *New York Times Magazine,* July 30, 1967.

第二章

[1] 操作性条件作用（operant conditioning） 参见 *SHB*, chaps. 5, 11。

[2] 关于打击引起的攻击性（shock-induced aggression），参见 N. H. Azrin, R. R. Hutchinson, and R. D. Sallery, "Pain-aggression Toward Inanimate Objects," *J. Exp. Anal. Behav.*, 1964, 7, 223-228。另见 N. H. Azrin, R. R. Hutchinson, and R. McLaughlin, "The Opportunity for Aggression as an Operant Reinforcer During Aversive Stimulation," *J. Exp. Anal. Behav.*, 1965, 8, 171-180。

[3] 火地人（Fuegians） 参见 Marston Bates, *Where Winter Never Comes* (New York: Charles Scribner's Sons, 1952), p. 102。

[4] 关于感受（feelings），参见 *COR*, n. 8.7。

[5] John Stuart Mill, *Liberty* (1859), chap. 5.

[6] 正强化（positive reinforcement） 参见 *SHB*, chaps. 5, 6。

[7] 条件性强化物（conditioned reinforcers） 参见 *SHB*, p. 76。

[8] Edmond and Jules de Goncourt, entry for July 29, 1860, *Journal: Mémoires de La vie littéraire* (Monaco, 1956).

[9] 强化程式（schedules of reinforcement） 关于强化程式的简要论述，参见 *SHB*, pp. 99-106。要想了解有关强化程式的广泛实验分析，可参见 *SR*。

[10] 自我控制（self-control） 参见 *SHB*, chap. 15。

[11] Bertrand de Jouvenel, *Sovereignty*, trans. J. F. Huntington

(University of Chicago Press, 1957).

[12] 给予或撤销无限额补助金的权力（power to confer or withhold unlimited benefit） Justice Roberts in *United States* v. *Butler*, 297 U.S. 1, 56 Sup. Ct. 312 (1936).

[13] 动机或诱惑不等同于强制（motive or temptation not equivalent to coercion） Justice Cardozo in *Steward Machine Co. v. Davis*, 301 U.S. 548, 57 Sup. Ct. 883 (1937).

[14] 无限的生育或不生育的自由（unrestricted freedom to reproduce or not to reproduce） 参见《科学》杂志上的一篇来信（*Science*, 1970, 167, 1438）。

[15] Jean-Jacques Rousseau, *Émile ou de l'éducation* (1762).

第三章

[1] Michel de Montaigne, *Essais*, III, ix (1580).

[2] "屈膝的奴才"（knee-crooking knave） *Othello*, Act I, sc. I.

[3] Rudyard Kipling, "The Vampire."

[4] François, duc de La Rochefoucauld, Maximes (1665).

[5] 走两英里（going two miles） Matt. 5: 41.

[6] 敲锣打鼓大肆宣扬（sounding trumpets） Matt. 6: 2.

[7] 创造性（creativity），参见 B. F. Skinner, "Creating the Creative Artist," in *On the Future of Art* (New York: The Viking Press, 1970)。（重印见 *CR*, 3rd edn。）另见 *SHB*, pp. 254-256。

[8] J. F. C. Fuller, article on "Tactics," *Encyclopaedia Britannica*, 14th edn.

第四章

[1] 惩罚（punishment） 参见 *SHB*, chap.12。

[2] 弗洛伊德式的动力机制（Freudian dynamisms） 参见 *SHB*, pp. 376-378。

[3] 《圣经》的禁令（Biblical injunction） Matt. 18: 8.

[4] T. H. Huxley, "On Descartes' *Discourse on Method*," in *Methods and Results* (New York: Macmillan, 1893), chap. 4.

[5] 参见 Joseph Wood Krutch, *The Measure of Man* (Indi-anapolis: Bobbs-Merrill, 1954), pp. 59-60。克鲁奇先生后来报告说："在这之前，我从未听过比这更令人震惊的观点。赫胥黎似乎是在说，如果可以的话，他希望自己是一只白蚁，而不是一个人。"("Men, Apes, and Termites," *Saturday Review*, September 21, 1963.)

[6] 穆勒关于善的观点（Mill on goodness） 参见以下综述：James Fitzjames Stephen, *Liberty, Equality, Fraternity*, in *Times Literary Supplement*, October 3, 1968。

[7] Raymond Bauer, *The New Man in Soviet Psychology* (Cambridge: Harvard University Press, 1952).

[8] 约瑟夫·德·梅斯特（Joseph de Maistre） 这段话引自 *the New Statesman* for August-September 1957。

第五章

[1] 作为助产士的苏格拉底（Socrates as midwife） Plato, *Meno*。

[2] 弗洛伊德与产婆术（Freud and maieutics） 引自 Walter A. Kaufmann by David Shakow, "Ethics for a Scientific Age: Some Moral Aspects of

Psychoanalysis," *The Psychoanalytic Review*, fall 1965, 52, no. 3。

[3] Alexis de Tocqueville, *Democracy in America*, trans. Henry Reeve (Cambridge: Sever & Francis,1863).

[4] Ralph Barton Perry, *Pacific Spectator*, spring 1953.

[5] 提示与暗示（prompts and hints） 参见 *VB*, chap. 10。

[6] 操作性辨别（operant discrimination） 参见 *SHB*, chap. 17。

[7] 一篇关于流产的社论（An editorial on abortion），见 *Time*, October 13, 1967。

第六章

[1] 正强化物（positive reinforcers） 参见第二章注释 6。

[2] 要了解强化物在物种进化过程中的重要性，参见 *COR*, chap. 3。

[3] "应答性"条件作用（"respondent" conditioning） 参见 *SHB*,chap.4。

[4] 关于学习对内心刺激做出反应（learning responses to private stimuli），参见 *SHB*, chap. 17。

[5] Eric Robertson Dodds, *The Greeks and the Irrational* (Berkeley: University of California Press, 1951).

[6] "应当"和"应该"（"should" and "ought"） 参见 *SHB*, p. 429。

[7] Karl R. Popper, *The Open Society and Its Enemies* (London: Routledge & Kegan Paul, 1947), p. 53.

[8] 要了解有关政府、宗教、经济、教育及心理治疗组织等机构的广泛讨论，可参见 *SHB*, sec. 5。

[9] Abraham H. Maslow, *Religions, Values, and Peak-Experiences* (Columbus: Ohio State University Press, 1964).

[10] Dante, *The Inferno*, canto 3.

[11] Jean-Jacques Rousseau, *Dialogues* (1789).

第七章

[1] 文化的基本核心（the essential core of culture） Alfred L. Krober and Clyde Kluckhohn, "Culture: A Critical Review of Concepts and Definitions," published in the *Harvard University Peabody Museum of American Archaeology and Ethnology Papers*, vol. 47, no. I (Cambridge, 1952). (Paperback edn. 1963.)

[2] 罗马的地形特征（the geography of Rome） 例如，参见 F. R. Cowell, *Cicero and the Roman Republic* (London:Pitman & Sons, 1948)。

[3] 社会达尔文主义（Social Darwinism） 参见 Richard Hofstadter, *Social Darwinism in American Thought* (New York: George Braziller, 1944)。

[4] Leslie A. White, *The Evolution of Culture* (NewYork: McGraw-Hill Book Co., 1959).

[5] 像胚胎一样发育的语言（language growing like an embryo） 参见 Roger Brown and Ursula Bellugi, "Three Processes in the Child's Acquisition of Syntax," *Harvard Educational Review*, 1964, 34, no. 2, 133-151。

[6] 生活在荒山野地的孩子的语言（the language of the feral child） 勒纳伯格提出了与大多数心理语言学家相反的观点，认为某种内在官能没有经历"正常的发展"，参见 Eric H. Lenneberg, in *Biological Foundations of Language* (NewYork: John Wiley & Sons, Inc., 1967), p. 142。

第八章

[1] 改变感受（changing feelings） 当我们让某人喝一两杯酒从而让他高兴起来，或者当他自己喝了点酒或抽了点大麻从而"减少了他内在世界的厌恶性特征"时，他的感受似乎发生了改变。但是，真正发生改变的不是感受，而是所感觉到的身体状态。一种文化的设计者往往会改变伴随与环境相关之行为的感受，而且，他通常是通过改变环境做到这一点的。

[2] 观察强化性相倚联系（observing contingencies of reiforcement） 参见 *COR*, pp. 8-10。

[3] 相倚联系管理（contingency management） 要想获得一系列实用报告，可参见 Roger Ulrich, Thomas Stachnik, and John Mabry, eds., *Control of Human Behavior*, vols. 1 and 2 (Glenview, Ill.: Scott, Foresman & Co., 1966 and 1970)。

[4] 作为实验性文化的乌托邦（utopias as experimental cultures） 参见 *COR*, chap. 2。

[5] 行为乌托邦（behavioral utopias） 阿道司·赫胥黎的《美丽新世界》（*Brave New World*, 1932）毫无疑问是最为著名的。这是一部讽刺作品，但赫胥黎在《岛》（*Island*, 1962）中放弃了这个主张，并试着严肃认真地提出了另一种观点。20 世纪的主导心理学——精神分析没有催生出任何的乌托邦。本书作者的《瓦尔登湖第二》描述了一个本质上以本书所提出之原则为基础设计出来的社会。

[6] Walter Lippmann, *The New York Times*, September 14, 1969.

[7] Joseph Wood Krutch, *The Measure of Man* (Indianapolis: Bobbs-

Merrill, 1954).

[8] "我不喜欢"（I wouldn't like it） 克鲁奇先生提出，伯特兰·罗素是这样回应这种控诉的："关于我喜欢什么、不喜欢什么，我不同意克鲁奇先生的看法。但是，我们不能通过思考我们是否喜欢自己将生活于其中的未来社会，来判断这个社会的好坏。问题是，那些在未来社会中长大的人是否比在我们的社会或过去社会中长大的人更幸福。"（Joseph Wood Krutch, "Danger: Utopia Ahead," *Saturday Review*, August 20, 1966.）人们是否喜欢一种生活方式与不满的问题有关，但并不表明一种判断生活方式的终极价值。

[9] Feodor Dostoevsky, *Notes from Underground* (1864).

[10] Arthur Koestler, *The Ghost in the Machine* (London: Hutchinson, 1967). 另见 "The Dark Ages of Psychology," *The Listener*, May 14, 1964。

[11] Peter Gay, *The New Yorker*, May 18, 1968.

[12] *Times Literary Supplement* (London), July 11, 1968.

[13] 罗摩克里希那（Ramakrishna） 参见 Christopher Isherwood, *Ramakrishna and His Disciples* (London: Methuen, 1965)。

[14] 在迈克尔·霍尔罗伊德（Michael Holroyd）看来，在《利顿·斯特雷奇：未知的年月》（*Lytton Strachey: The Unknown Years*, London: William Heineman, 1967）中，G. E. 摩尔的道德行为概念可以被概括为对实际结果的智能预测。不过，重要的不是预测结果，而是让这些结果影响个体的行为。

[15] "纯粹"的科学家（the "pure" scientist） 参见 P. W. Bridgman, "The Struggle for Intellectual Integrity," *Harper's Magazine*, December 1933。

[16] "生来就有的需要"(inborn need) George Gaylord Simpson, *The Meaning of Evolution* (New Haven: Yale University Press, 1960).

[17] 参见 P. B. Medawar, *The Art of the Soluble* (London: Methuen & Co., Ltd., 1967), p. 51。在梅达瓦看来,"斯宾塞的思想到后来因为一些基本的热力学原因而变得更加阴暗"。他认识到了"秩序长期衰退和能量耗散"的可能性。他在熵最大化的过程中提出了一个非功能性终点。斯宾塞认为:"一旦达到某种平衡状态,进化就会终止。"

[18] Alfred Lord Tennyson, *In Memoriam* (1850).

[19] 迷信(superstition) 参见 *SHB*, pp. 84-87。

[20] 闲暇(leisure) 参见 *COR*, pp. 67-71。

[21] John Milton, *Paradise Lost*, bk. I.

第九章

[1] Crane Brinton, *Anatomy of a Revolution* (New York: W. W. Norton & Co., Inc., 1938), p. 195.

[2] G. M. Trevelyan, *English Social History* (London: Longmans, Green and Co., 1942).

[3] Gilbert Seldes, *The Stammering Century* (New York: Day, 1928).

[4] 学习看与感知(learning to see and perceive) 参见 *COR*, chap. 8。

[5] 规则与科学知识(rules and scientific knowledge) 参见 *COR*, pp. 123-125, chap. 6。

[6] Vico George Steiner, quoting Isaiah Berlin, *The New Yorker*, May 9, 1970, pp. 157-158.

[7] 意识与觉察（consciousness and awareness） 参见 *SHB*, chap. 17。

[8] 概括、抽象等心理过程（mental processes of generalizing, abstracting, and so on） 参见 *COR*, 274ff; *TT*, p. 120。

[9] 问题解决（problem solving） 参见 *SHB*, pp. 246–254; *COR*, chap. 6。

[10] 有关"生理相关物"（physiological correlates）的解释，可参见 *Brain and Conscious Experience* (New York: Springer-Verlag, 1966)。在评论者（Josephine Semmes, "Science and Inner Experience," *Science*, 1966, 154, 754–756）看来，该书是对一次会议的报道，而举行这次会议的目的是"探讨心理活动的物质基础"。

[11] 公牛般的野蛮性（paleolithic bull） 出自 René Dubos by John A. Osmundsen, *The New York Times*, December 30, 1964。

[12] 内在的环境摹本（internal copies of the environment） 参见 *COR*, 247 ff。

[13] Wilson Follett, *Modern American Usage* (New York: Hill & Wang, 1966).

[14] 犯罪与邪恶（sin and sinful） 参见 Homer Smith, *Man and His Gods* (Boston: Little, Brown, 1952), p. 236。

[15] "黑人自身的某种东西"（something about Negroes themselves） 参见 *Science News*, December 20, 1969。

[16] 自我（the self） 参见 *SHB*, chap. 18。

[17] Joseph Wood Krutch, "Epitaph for an Age," *New York Times Magazine*, June 30, 1967.

[18] 这句话引自马特森（Floyd W. Matson）的一篇综述，见 *The Broken Image: Man, Science, and Society* (New York: George

Braziller, 1964) in *Science*, 1964, 144, 829-830。

[19] Abraham H. Maslow, *Religions, Values, and Peak-Experiences* (Columbus: Ohio State University Press, 1964).

[20] C. S. Lewis, *The Abolition of Man* (New York: Macmillan, 1957).

[21] 外来的力量（external source of power） J. P. Scott, "Evolution and the Individual," Memorandum prepared for Conference C, American Academy of Arts and Sciences Conferences on Evolutionary Theory and Human Progress (November 28, 1960).

[22] 由于传递模式的不同，"一代人"在生物进化和文化演进过程中的含义往往会有很大的差异。在文化演进过程中，它只不过是一个衡量时间的尺度。仅在一代人的身上，文化方面的变化（"变异"）就有可能出现，而且可能会被传递很多次。

[23] Étienne Cabet, *Voyage en Icarie* (Paris, 1848).

[24] 物种（species） 参见 Ernst Mayr, "Agassiz, Darwin and Evolution," *Harvard Library Bulletin*, 1959, 13, no. 2。

[25] Ernest Jones, *The Life and Work of Sigmund Freud* (New York: Basic Books, 1955).

[26] 历史学家（historian） H. Stuart Hughes, *Consciousness and Society* (New York: Alfred A. Knopf, 1958).

[27] 济慈论牛顿（Keats on Newton） 出自奥斯卡·王尔德 1882 年 3 月 21 日致爱玛·斯皮德（Emma Speed）的一封信，见 Rupert Hart-Davis, ed., *The Letters of Oscar Wilde* (London, 1962)。

索引[1]

(页码为原书页码,即本书边码,字母 n 表示这个词语出现在注释中,ff 意为"及之后数页")

Abolition of Man, The 224n 《人的废除》
abstract 189 抽象的
accidents 161 偶然事件
Adam Bede 75 《亚当·比德》
Agassiz 225n 阿加西斯
age of reason 71, 95 获得理性的年龄
aggression 29, 185, 218n 攻击
Agricultural Adjustment Act 38 《农业调整法》
Anatomy of a Revolution 223n 《解剖革命》
Animal Drive and the Learning Process 218n 《动物驱力与学习过程》
anomie 118 混乱
antecedent circumstances 13, 184, 195 先前的情境
antecedent physical events 11 先前的自然事件
Aristotle 5, 8, 11 亚里士多德
Art of the Soluble, The 223n 《溶解的艺术》
association 194 联系
attention 186 注意
attitudes 94 态度
autonomous man 自主人
 consciousness and thinking 192ff 意识与思维
 controllability 72, 75 可控性
 explains the unexplained 14ff 用~解释无法解释的
 feelings 105 感受(情感)
 goodness 66 善
 how to change 75 如何改变~

---

[1] 改编自 Terry J. Knapp, "An Index to B. F. Skinner's *Beyond Freedom and Dignity*, Behaviorism", Vol. 2, Number 2。Copyright (c) 1974, Concord, Mass.: Cambridge Center for Behavioral Studies. 重印得到了版权方的许可。

loses functions 198ff ～丧失功能

not changeable 101 不可改变

possessions of 93 ～的所有物

purpose 204 目的

replaced by environment 185 ～被环境取代

troublesome features 19ff 棘手的特点

uncaused and responsible 19ff 并非由于外在原因而产生的和负责任的

aversive control 28ff, 33ff, 61, 151 厌恶性控制

avoidance 28ff, 63ff 回避

awareness 190, 192 觉察

Azrin, N. H. 218n 阿兹林

Bacon, F. 20, 153, 169 培根

Barzun, J. 204 巴尔赞

Bates, M. 218n 贝茨

Bauer, R. 76, 220n 鲍尔

behavior 行为

  causes of 7, 45ff ～的原因

  changes 4 改变

  consequences 18 结果

  contingencies 131 相倚联系

  difficult field 6, 12, 159 难以研究的领域

  good-bad 109 好－坏

  how to change 150 如何改变～

  irrational 64 不合理的～

  need to change 4 需要改变

  operant 18, 120, 142 操作性～

  prescientific description 9 前科学的描述

  rule-following 69ff 遵循规则

  subject 12 对象

  uncaused 19 并非由于外在的原因而产生的

"behavior modification" 150 "行为矫正"

Behavior of Organisms, The 217nff 《有机体的行为》

behavioral technology 5, 57 行为技术，另见 "science of behavior" "行为科学"

"behavioralists" 190 "行为主义者"

behaviorism, misrepresentations 165ff 行为主义，误解

"belief" 94 "信念"

Bellugi, U. 221n 贝卢吉

benevolent dictator 170 乐善好施的独裁者

Berlin, I. 189, 233n 伯林

"better" 145 "更好的"

biology 4ff, 56, 102, 213 生物学

Biological Foundations of Language 221n 《语言的生物学基础》

>> 209

blame 21, 75, 109 谴责

Brain and Conscious Experience 224n 《大脑与意识经验》

"brainwashing" 96 "头脑风暴"

Brave New World 222n 《美丽新世界》

Bridgman, P. W. 56, 223n 布里奇曼

Brinton, C. 184, 223n 布林顿

Broken Image: Man, Science, and Society, The 224n 《破碎的意象：人、科学与社会》

Brown, R. 221n 布朗

Butler, S. 73 巴特勒

Butterfield, H. 8, 218n 巴特菲尔德

Cabet, E. 208, 225n 卡贝

Cardozo, Justice 219n 法官卡多佐

"cause" 7ff, 217n "原因"

causal sequence 76 因果关系

Chaucer 50 乔叟

"choice" 97 "选择"

Christians 68, 135 基督教徒

Cicero and the Roman Republic 221n 《西塞罗与罗马共和国》

City of God, The 153 《上帝之城》

conditioned aversive stimulus 121 条件性厌恶刺激

conditioned positive reinforcers 33, 45, 110, 121, 219n 条件性正强化物

"cognitive" 186, 193 "认知的"

Comenius 86 夸美纽斯

compassion 40, 170 怜悯同情

"compel" 21, 38 "被（强）迫"

competition 133 竞争

consequences 结果

    aversive 35, 44 厌恶性～

    behavior shaped by 18 由～塑造的行为

    deferred 120 延迟的～

    evolution 143 进化

    immediate 120 直接的～

    purpose 170 目的

    reinforcer 27 强化物

    remoteness 78 远期～

    unforeseen 66 无法预见的～

    value 103 价值

conscience 68 良心

consciousness 190, 192, 223n 意识

Consciousness and Society 225n 《意识与社会》

contingencies of reinforcement 强化性相倚联系，另见 "social contingencies" "社会性相倚联系"

    adventitious 176 偶然的～

    aversive 33ff 厌恶性～

    complex 18 复杂的～

    conflicts among 117 ～中的冲突

culture 125, 153 文化

defective 52 有缺陷的~

direct contact 190 直接接触

economic 140 经济方面的~

effectiveness 74 有效性

inconspicuous 48, 97 不明显的~

natural and contrived 158 自然的与人造的~

not new jargon 149ff 不是新形式的专业术语

punitive 61ff 惩罚性~

seeing them 67, 221n 看见它们

versus attributes of mind 94 ~对心理特性

versus feelings 118, 147, 156 ~对情感

versus rules 172, 189 ~对规则

Contingencies of Reinforcement 217nff《强化性相倚联系》

control 41ff, 170ff 控制，另见"self-control""自我控制"

 aversive 28, 33, 61, 151 厌恶性~

 behavioral 60 行为~

 conspicuous 67ff, 168 明显的~

 culture 125 文化

 guidance 87 指导

 intentional 29, 33, 115 蓄意的~

 internal 102 内部~

 internalized 68, 71 内化~

 personal 97 个人的~

 reciprocal 169 相互~

 resisted 167 遭到抵制的~

 to refuse 84, 181 拒绝~

 weak Chapter 5 弱~（第五章）

Control of Human Behavior 218nff《人类行为的控制》

controllability 72, 75 可控性

controller 29, 77, 169, 207 控制者

Copernicus 211 哥白尼

countercontrol 34, 36ff, 99, 167, 171, 181 反控制

Cowell, F. R. 221n 考维尔

creative mind 204 造物主

creativity 219n 创造性

credit 21, 44ff, 75, 109 赞赏（荣誉、表扬、褒奖）

Crusoe, R. 123 克鲁索

cultural design, opposition to 161ff 反对文化设计

"cultural relativism" 128 "文化相对论"

culture Chapter 7 文化（第七章）

 bound 164 ~的约束

 defining 127, 131 界定~

 democratic 132 民主~

 designer 221n ~设计者

 evolution 129ff ~演进

 "mutations" 224n ~"变异"

 planning 162 计划~

strength of 152 ～的优势
survival as good 134 把～的生存看作好的事情
"values" 138 ～"价值"
Cumulative Record 217nff《累积记录》
customary behaviors 127 习惯性行为

Dante 123, 221n 但丁
Darlington, C. D. 3, 217n 达林顿
Darwin, C. 31, 175, 204, 209, 211, 225n 达尔文
David Copperfield 112《大卫·科波菲尔》
death 111, 135, 142, 210 死亡
deduction 96 推断
dehumanize 200 失去人性
de Jouvenel, B. 37 德·茹弗内尔
de Laclos, C. 50 德·拉克洛
de Maistre, J. 78, 220n 德·梅斯特
de Tocqueville, A. 88, 220n 德·托克维尔
Democracy in America 220n《美国的民主》
dependence 89-91 依赖
Descartes, R. 17, 18, 218nff 笛卡尔
determinism 21, 39 决定论
developmental stages 140ff 发展阶段
Dewey, J. 89 杜威
Dialogues 221n《对话录》

dignity Chapter 3, 21 尊严（第三章）
Discourse on Method 219n《方法论》
discrimination 193, 220n 辨别
displacement 63 移置
Dodds, E. R. 11, 110, 218nff 陶育礼
Dostoevsky, F. 164, 167, 222n 陀思妥耶夫斯基
Dubos, R. 224n 杜博斯

ego 8 自我
elicit 18, 96 诱发
Eliot, G. 75 G. 艾略特
Eliot, T. S. 66 T. S. 艾略特
Émile 40, 89, 124, 219n《爱弥儿》
emotion 62, 106 情绪
empty organism 195 空洞的有机体
English Social History 223n《英国社会史》
environment 环境，**另见** "social environment" "社会环境"
  credit and blame 21 赞赏与谴责
  cultural adaptation 129 文化适应
  education 156 教育
  goodness 70ff 善
  internal copies of 224n ～的内在摹本
  relation with behavior 15 ～与行为之间的关系
  replaces autonomous man 184ff ～取

索引

　　代自主人
　　　role of 218n ～的作用
　　　role not clear 16 作用没有明确
　　　selects 18 选择
　　　versus social environment 206 ～对社会环境
environmentalism 75, 184ff 环境论
Epicurus 107 伊壁鸠鲁
Erewhon 73《乌有乡》
escape 28ff, 163 逃离（逃跑）
essence 9 本质
ethics 172ff 伦理
evolution 16, 127, 142, 208, 220n 进化
Evolution of Culture, The 221n《文化的演进》
Evolution of Man and Society, The 217n《人与社会的进化》
experimental analysis of behavior 对行为的实验分析，见 "science of behavior" "行为科学"
experimental space 153 实验空间
experimenter 148 实验者
explanation 7, 12ff, 146, 160 解释

facts 102ff, 113 事实
fantasizing 63 幻想
Faraday, M. 159 法拉第
feel 32, 72, 102ff, 113, 118, 134 感受（感觉），另见"feelings""感受（情感）"
feeling free 32, 39 自由的感受（感觉自由）
feelings 170, 211, 218n 感受（情感）
　　autonomous man 105 自主人
　　by-products 110 副产品
　　changing 221n 改变～
　　contingencies 37, 118, 147 相倚联系
　　freedom 32 自由
　　literature of freedom 37 自由文献
　　psychotherapy 11 心理治疗
　　reinforcers 118 强化物
fixed-ratio 35 固定比率
folk wisdom 5, 68, 146, 173 民间智慧
Follett, W. 197, 224n 福利特
freedom Chapter 2 自由（第二章）
　　aversive consequences 35, 44 厌恶性结果
　　contingencies not feelings 37 不是感觉的相倚联系
　　defined 32, 60 界定～
　　goodness 70 善
　　responsibility 73 责任
Freud, S. 12, 16, 20, 62, 85, 87, 211, 219nff 弗洛伊德
Freudian 68, 219 弗洛伊德的
Fuegians 31, 218n 火地人
Fuller, J. F. C. 56, 219n 富勒

>> 213

gambling 35ff, 179 赌博
Gay, P. 165, 222n 盖伊
generalization 41, 109, 193 概括
generalized verbal reinforcers 113 泛化了的言语强化物
genetic endowment 遗传素质
    changing 208 改变~
    ethology 186 习性学
    exoneration 77 免除罪责
    feelings and behavior 14 感受与行为
    freedom 29 自由
    human nature 104 人的本性
    idiosyncratic features 127 特有的特征
    instinct 196 本能
    misrepresentation of behaviorism 166 对行为主义的误解
    responsibility 75 责任
    scientific view 101 科学观点
    survival value 26 生存的价值
Ghost in the Machine, The 222n《机器里的幽灵》
Gilbert, J. 159 吉尔伯特
Goncourt, E. and Goncourt, J. 34, 219n 龚古尔兄弟
good 67ff, 103ff, 109, 128, 134 善的（好的）
government 61, 97, 172 政府
grammatical forms 139 语法形式

Great Expectations 112《远大前程》
Greeks 5ff 希腊人
Greeks and the Irrational, The 218n, 220n《希腊人与非理性》
Griselda 50 格丽泽尔达
group mind 133 集体心理
growth 87, 141ff 成长
guidance 87-88 指导

"habit" 196 "习惯"
Hamlet 201 哈姆雷特
Hart-Davis, R. 225n 哈特-戴维斯
Hercules 56 赫拉克勒斯
historical evidence 155 历史证据
Hofstadter, R. 221n 霍夫施塔特
Holyroyd, M. 222n 霍利鲁德
Holt, E. B. 218n 霍尔特
Hottentots 184 霍屯督人
Hughes, H. S. 225n 休斯
human nature 9, 104, 196 人的本性
husbandry 51 管理资源
Hutchinson, R. R. 218n 哈钦森
Huxley, A. 222n A. 赫胥黎
Huxley, T. H. 66, 219n T. H. 赫胥黎

Iago 46 伊阿古
id 8, 68, 199 伊底
"ideas" 128, 135 "观念（念头）"
identification 63 认同

索　引

independence 91 独立
individual 99, 205ff 个人（个体）
individualism 123ff, 164 个人主义
Inferno, The 221n 《地狱》
In Memoriam 223n 《悼念》
innate dispositions 176 先天的倾向
inner man 14, 15, 72, 93, 192, 195 内在人，另见"autonomous man""自主人"
"insight" 192 "洞察"
"instinct" 196 "本能"
institutions 135 制度
instructions versus direct exposure 90 指导对直接接触
intention 8, 149, 170, 204 意图
intentional 28, 61, 135, 177, 207 蓄意的
intentional controllers 29, 33 蓄意的控制者
internal states 8 内在状态
introspection 195 内省
introspective vocabularies 192 内省词汇
Isherwood, C. 222n 伊舍伍德
Island 222n 《岛》

James, W. 13, 107, 218n 詹姆斯
Jesus 70 耶稣
Johnson, S. 49 约翰逊
Jones, E. 211, 225n 琼斯

justice 51ff, 72, 111 公正

Kaufman, W. A. 220n 考夫曼
Keats, J. 213, 225n 济慈
Kennedy, J. 167 J. 肯尼迪
Kennedy, R. 167 R. 肯尼迪
Kipling, R. 46, 219n 吉卜林
Kluckhohn, C. 221n 克拉克洪
knower 190 认识者
knowing 188ff 认识
knowledge 69, 113, 189 知识
Koestler, A. 165, 222n 库斯勒
Krober, A. L. 221n 克罗伯
Krutch, J. W. 21, 66, 161, 200, 201, 218nff 克鲁奇

laboratory 148, 158ff, 202 实验室
Lamarck 130, 209 拉马克
La Rochefoucauld, F. 47, 56 拉罗什富科
laws 114ff, 172 准则（法律）
laws of science 189 科学定律
learning 86 学习
learning to feel 105 学习感觉
Leibnitz, G. 37 莱布尼茨
leisure 177ff, 223n 闲暇
Lenneberg, E. H. 221n 勒纳伯格
Les liaisons dangereuses 50 《危险关系》
Letters of Oscar Wilde, The 225n 《奥

>> 215

斯卡·王尔德书信集》

Lewis, C. S. 200, 206, 224n 刘易斯

libertarianism 124, 165 自由主义

Liberty 218《自由》

Liberty, Equality, and Fraternity 220n《自由、平等、博爱》

Life and Work of Sigmund Freud, The 225n《西格蒙德·弗洛伊德的生活与工作》

Lippmann, W. 157, 222n 李普曼

literature of freedom and dignity 36, 77, 81, 99, 180 有关自由和尊严的文献

  autonomous man 200 自主人

  conflict between 56 ～之间的冲突

  counter controlling measures 168 反控制措施

  cultural survival 180 文化生存

  death 210 死亡

  de Maister, Joseph 79 德·梅斯特

  function of 30ff, 54ff ～的功能

  neurotic and psychotic response 165 神经症反应和精神病反应

  punishment 61, 213 惩罚

logical positivist 190 逻辑实证主义者

Times Literary Supplement (London) 166《泰晤士报文学增刊》(伦敦)

lower organisms 201 较为低等的有机体

Lytton Strachey: The Unknown Years 222n《利顿·斯特雷奇：未知的年月》

Mabry, J. 218nff 马布里

McLaughlin, R. 218n 麦克劳克林

maieutic method 85 产婆术

maladaptive features 176 适应不良的特征

man Chapter 9, 5, 122ff, 190, 198ff, 211ff 人（人类）（第九章）

Man and His Gods 224n《人与上帝》

Marx, K. 140, 204 马克思

Maslow, A. 118, 200, 220n 马斯洛

Matson, F. 200, 224n 马特森

Matthew, Book of 219n《马太福音》

Maxwell, J. 159 麦克斯韦

Mayr, E. 225n 迈尔

Measure of Man, The 219n, 222n《人的尺度》

Meaning of Evolution, The 223n《进化的意义》

meaning of life 102 生活的意义

Medawar, P. B. 175, 223n 梅达瓦

mediation 121 调节作用

Mémoires de la vie littéraire 219n《文学生活回忆录》

memory 194, 196 回忆

Meno 220n《曼诺篇》

索引

mental act 193 心理活动

mental events 195 心理事件

mental processes 149, 223n 心理过程

mentalism, objection to 12 反对心理主义

methodological behaviorism 190 方法论行为主义

methods of science 7 科学的方法

midwife 84-87 助产士

Mill, J. S. 32, 70, 218n 穆勒

Milton, J. 181, 223n 弥尔顿

mind 10ff, 195 内心（心灵）

minds, changing 91-97 改变思想

Modern American Usage 197, 224n《现代美语习惯用法》

Montaigne, M. 20, 45, 219n 蒙田

Moore, G. E. 223n 摩尔

morals 172ff 道德

More, Thomas 153 莫尔

mystery 58 神秘性

mystic 91 神秘主义者

natural 158 自然的

needs 93 需要

negative reinforcers 27, 95, 104, 121 负强化物

New Harmony 185 新哈莫尼

Newman, Cardinal 163 红衣主教纽曼

New Man in Soviet Psychology, The 220n《苏联心理学中的新人》

Newton 9, 213, 214, 225n 牛顿

nonadaptive features 176 适应不良的特征

nonaversive measures 32 非厌恶性手段

nondirective psychotherapist 98 非指导性的心理治疗师

norm 114ff 准则

Notes from Underground 222n《地下室手记》

observation 148, 190 观察

Of Clouds and Clocks 218n《云与钟》

On the Future of Art 219n《论艺术的未来》

Open Society and Its Enemies, The 220n《开放社会及其敌人》

operant 218n 操作性的

operant conditioning 27, 120ff, 218 操作性条件作用

operant laboratory 148, 158ff, 202 操作实验室

opinions 93 观点

Origin of Species 175《物种起源》

Osmundsen, J. A. 224n 奥斯蒙森

Othello 219n《奥赛罗》

"ought" 112ff, 220n "应该"

Owen, R. 184, 185 欧文

pain 107 痛苦

paleobehavior 121 古老的行为

Paradise Lost 223n 《失乐园》

Pascal, B. 210 帕斯卡尔

Pavlov, I. 17, 76, 201 巴甫洛夫

perception 94, 187ff, 223n 知觉（感知）

permissiveness 83-84 放任自流

Perry, R. B. 88, 220n 佩里

persuasion 92ff 劝说

person 198ff, 211 人

personal goods 151 个人利益

personality 5 人格

personified causes 9 人格化的原因

Phaedrus 57 《斐德罗篇》

philosophy 30 哲学

physics 4ff, 56, 102, 169, 213 物理学

physiological correlates 195 生理相关物

physiological measures 192 生理测量的手段

physiological psychologist 12 生理心理学家

Plato 5, 57, 153, 220n 柏拉图

pleasure 107 快乐

Popper, K. 10, 113, 218nff 波普尔

possession 218n 附体缠身

prescientific 101 前科学的

prescientific terms 23 前科学的术语

privacy 106, 110, 191ff, 220n 私人性

probability of action 37, 93, 96, 148 行为发生的概率

problems 3ff, 138, 146 问题

problem solving 161, 194, 223n 问题解决

progress 138 进步

projection 63 投射

prompting 92, 220n 提示

properties 103 属性

psychologist 13 心理学家

psychotherapy 8, 11, 85, 169, 192 心理治疗

punishment Chapter 4, 54 惩罚（第四章）, alternatives Chapter 5 惩罚以外的方式的（第五章）

purpose 8, 93, 149, 170, 204ff 目的

Puritans 41, 163 清教徒

Pythagoras 85 毕达哥拉斯

Ramakrishna 170 罗摩克里希那

Ramakrishna and His Disciples 222n 《罗摩克里希那与他的门徒》

rationalization 63 合理化

reasons 95 原因

reflex 17, 26, 51, 76, 97 反射

reinforcement 40, 44, 142, 218n 强化

reinforcer 强化物

   evolution 220n 进化

   definition 27 定义

dignity 44 尊严

genuine 34 真正的～

"good" 95 "正确的"～

good things 103 好的东西

intentional 108 蓄意的～

leisure 178 闲暇

noncontingent 99 不具相倚性的～

personal 117ff, 174, 177 个人的～

sexual 178 性的～

social 33, 108 社会～

value 104 价值

verbal 109 言语的～

Religions, Values, and Peak-Experiences 220nff《宗教、价值和高峰体验》

religious agency 116 宗教机构

Republic, The 153《理想国》

"respondent" 104, 220n "应答性的"

response 17, 27, 166 反应

responsibility 19, 72ff, 86 责任

revolutionaries 124 革命者

reward 33, 62 奖赏（奖励）

right 109 对的

rights 180 权利

Roberts, Justice 219n 法官罗伯茨

Roosevelt, F. D. 161 罗斯福

Rousseau, J. J. 40, 89, 90, 124, 135, 153, 219nff 卢梭

Royal Gardens of France 17 法国皇家园林

rules 69, 95, 114, 172, 203, 223n 规则

rule following 69ff 遵循规则

Russell, B. 222n 罗素

Russia 76 苏俄

Saint Augustine 153 圣奥古斯丁

Saint Jerome 49 圣杰罗姆

Saint Paul 65 圣保罗

Sahery, R. D. 218n 萨海瑞

schedule of reinforcement 34ff, 163, 186, 196, 219n 强化程式

Schedules of Reinforcement 217nff《强化程式》

science 22, 58, 102, 200, 211 科学

Science and Human Behavior 217nff《科学与人类行为》

science and technology 7ff, 153 科学与技术

science of behavior 行为科学

applied to cultural design 158 将～运用于文化设计

advantages 23, 146 优点

as interpretation 22ff, 149 用～进行解释

delayed 10, 15 延迟

in development 160 不断发展的～

misrepresentations 164ff 误解

lower organisms 201 较为低等的有机体

>> 219

need for 5 对~的需要
physics and biology 184 物理学和生物学
versus autonomous man 198 ~对自主人
science of values 104 价值科学
scientific inquiry 101 科学探究
scientific view versus prescientific 101 科学观点对前科学观点
scientists 159, 169ff, 174 科学家
Scott, J. P. 224n 斯科特
Seldes, G. 184, 223n 赛尔德斯
self 199ff, 206, 224n 自我
self-control 36, 71, 219n 自我控制
 controlling versus controlled 206 实施控制对被控制
 descriptive contingencies 191 描述性相倚联系
 government 172 政府
 knowledge 123, 193, 199 知识
 observation 190ff 观察
 problem solving 194 问题解决
 reliant 91 依赖
Semmes, J. 224n 塞姆斯
sexual reinforcement 178 性强化
Shakow, D. 220n 沙科
shock-induced aggression 218n 打击引起的攻击性
"should" 112, 220n "应当"

Simpson, G. G. 223n 辛普森
sin 197 犯罪
Smith, H. 224n 史密斯
social contingencies 45, 112ff, 127, 173, 199 社会性相倚联系，另见 "social environment" "社会环境"
Social Darwinism 132, 221n 社会达尔文主义
Social Darwinism in American Thought 221n 《美国思想中的社会达尔文主义》
social environment 社会环境
 absence 123ff 没有~
 culture 173 文化
 good of others 110 他人利益
 man-made 206 人造的~
 utopia 154 乌托邦
 values 151 价值
 versus alienation 15 ~对疏远
Socrates 6, 84, 85, 86, 193, 220n 苏格拉底
Sovereignty 37 《主权》
Speed, E. 225n 斯皮德
Spencer, H. 175 斯宾塞
Stachnik, T. 218nff 斯塔赫尼克
states of mind 12, 32, 37, 91, 118, 156 心理状态，另见 "feelings" "感受（情感）"
statistical procedures 16, 19 统计程序

Stammering Century, The 223n《口吃的世纪》

Steiner, V. G. 223n 施泰纳

Stephen, J. F. 220n 斯蒂芬

Steward Machine Co. v. Davis 219n 斯图尔德机器公司诉戴维斯案

stimuli 17, 27, 47, 166 刺激

stimulus-response psychology 17 刺激—反应心理学

storage, metaphor of 195 贮存的比喻

stretched ratio 35, 38 被拉伸的比率

structural analysis 138 结构分析

superego 8, 68ff, 199 超我

superstition 99, 177, 223n 迷信

Supreme Court 38 最高法院

survival 134ff 生存

   as conditions change 175 随着环境的改变而改变

   made important 154 重要的

   positive and negative reinforcement 104 正强化与负强化

   related to social environment 173 与社会环境相关的~

   value 129, 150ff, 210 价值

   why care 137 为什么应该关心~

technology of behavior Chapter 1, 5, 134 行为技术，**另见**"science of behavior""行为科学"和"behavioral technology""行为技术"

Technology of Teaching, The 217nff《教学技术》

Tennyson, A. L. 175, 223n 丁尼生

Thamus 57 萨姆斯

theology 197 神学

theory 19, 213 理论

thinking 193 思维

Thoreau, H. D. 123 梭罗

trait 9, 186, 197 特性

Traité de l'homme 218n《论人类》

translation 23 翻译

Trevelyan, G. M. 184, 223n 特里维廉

Ulrich, R. 218nff 乌尔里希

United States v. Butler 219n 美国诉巴特勒案

utopias 153ff, 158, 222n 乌托邦

values Chapter 6, 22, 128ff, 138, 150 价值（第六章）

Vampire," "The 219n《吸血鬼》

variable 139 变量

variable-ratio 35, 38, 159, 179 变化比率

verbal behavior 48, 95, 117, 122, 189 言语行为

Verbal Behavior 217nff《言语行为》

verbal community 69, 106, 141, 191

>> 221

言语社会
verbal contingencies 139, 188 言语性相倚联系
Vico, G. 189 维科
Voltaire 37 伏尔泰
Voyage en Icarie 208, 225n 《伊加利亚旅行记》

wage system 32, 34 工资制度

Walden Two 217nff 《瓦尔登湖第二》
wants 37 想
war 157 战争
Where Winter Never Comes 218n 《那里冬天永远不会来》
White, L. A. 139, 221n 怀特
Wilde, O. 225n 王尔德

Zeno 11 芝诺

致　谢

本书的撰写得到了国家心理健康研究所（National Institutes of Mental Health）的支持，批准号为 K6-MH-21, 775—01。

书中的一些观点在早期就曾进行过讨论，可参见《自由与对人的控制》(Freedom and the Control of Men, *The American Scholar*, winter 1955-56)，《人类行为的控制》(The Control of Human Behavior, *Transactions of the New York Academy of Sciences*, May 1955)，《关于人类行为控制的一些问题》(与卡尔·罗杰斯合写)(Some Issues concerning the Control of Human Behavior, *Science*, 1956, *124*, 1057-1066)，《文化的设计》(The Design of Cultures, *Daedalus*, 1961 summer issue)，以及《科学与人类行为》的第六部分(*Science and Human Behavior*, Section VI)。1959 年 10 月在欧伯林学院举办的米德-斯温讲座（Mead-Swing Lectures）也是围绕这个主题展开的。

我非常感谢卡罗尔·史密斯（Carole L. Smith）在撰写书稿时提供的编辑及其他方面的帮助，还有乔治·霍曼斯（George C. Homans）在阅读书稿时提供的批判性建议。

西方心理学大师经典译丛

001	自卑与超越	[奥] 阿尔弗雷德·阿德勒
002	我们时代的神经症人格	[美] 卡伦·霍妮
003	动机与人格（第三版）	[美] 亚伯拉罕·马斯洛
004	当事人中心治疗：实践、运用和理论	[美] 卡尔·罗杰斯 等
005	人的自我寻求	[美] 罗洛·梅
006	社会学习理论	[美] 阿尔伯特·班杜拉
007	精神病学的人际关系理论	[美] 哈里·沙利文
008	追求意义的意志	[奥] 维克多·弗兰克尔
009	心理物理学纲要	[德] 古斯塔夫·费希纳
010	教育心理学简编	[美] 爱德华·桑代克
011	寻找灵魂的现代人	[瑞士] 卡尔·荣格
012	理解人性	[奥] 阿尔弗雷德·阿德勒
013	动力心理学	[美] 罗伯特·伍德沃斯
014	性学三论与爱情心理学	[奥] 西格蒙德·弗洛伊德
015	人类的遗产："文明社会"的演化与未来	[美] 利昂·费斯汀格
016	挫折与攻击	[美] 约翰·多拉德 等
017	实现自我：神经症与人的成长	[美] 卡伦·霍妮
018	压力：评价与应对	[美] 理查德·拉扎勒斯 等
019	心理学与灵魂	[奥] 奥托·兰克
020	习得性无助	[美] 马丁·塞利格曼
021	思维风格	[美] 罗伯特·斯滕伯格
022	偏见的本质	[美] 戈登·奥尔波特
023	理智、疯狂与家庭	[英] R. D. 莱因 等
024	整合与完满：埃里克森论老年	[美] 埃里克·埃里克森 等
025	目击者证词	[美] 伊丽莎白·洛夫特斯
026	**超越自由与尊严**	[美] **B. F. 斯金纳**

* * * *

了解图书详细信息，请登录中国人民大学出版社官方网站：
www.crup.com.cn

Beyond Freedom and Dignity by B. F. Skinner

© 1971 by Hackett Publishing Co., Inc.

Authorized translation from English language edition published by HACKETT Publishing Co., Inc.

Simplified characters Chinese edition published by arrangement with the Literary Agency Eulama Lit. Ag.

Simplified Chinese translation copyright © 2022 by China Renmin University Press Co., Ltd.

All Rights Reserved.

图书在版编目（CIP）数据

超越自由与尊严 /（美）B. F. 斯金纳
（B. F. Skinner）著；方红译 . -- 北京：中国人民大
学出版社，2022.9
（西方心理学大师经典译丛 / 郭本禹主编）
书名原文：Beyond Freedom and Dignity
ISBN 978-7-300-30919-4

Ⅰ.①超… Ⅱ.①B…②方… Ⅲ.①行为主义 – 研究
Ⅳ.① B84–063

中国版本图书馆 CIP 数据核字（2022）第 149383 号

西方心理学大师经典译丛
超越自由与尊严
［美］B. F. 斯金纳　著
方红　译
Chaoyue Ziyou yu Zunyan

出版发行	中国人民大学出版社		
社　　址	北京中关村大街31号	邮政编码	100080
电　　话	010-62511242（总编室）	010-62511770（质管部）	
	010-82501766（邮购部）	010-62514148（门市部）	
	010-62515195（发行公司）	010-62515275（盗版举报）	
网　　址	http://www.crup.com.cn		
经　　销	新华书店		
印　　刷	北京宏伟双华印刷有限公司		
规　　格	155 mm × 230 mm　16 开本	版　　次	2022 年 9 月第 1 版
印　　张	14.5 插页 2	印　　次	2022 年 9 月第 1 次印刷
字　　数	165 000	定　　价	58.00 元

版权所有　侵权必究　印装差错　负责调换